高等教育"十三五"规划教材

数学实验
——基于 MATLAB 软件

周林华　贾小宁　张文丹　姜志侠　施三支　编著

北京理工大学出版社
BEIJING INSTITUTE OF TECHNOLOGY PRESS

版权专有　侵权必究

图书在版编目（CIP）数据

数学实验：基于 MATLAB 软件 / 周林华等编著. —北京：北京理工大学出版社，2019.7（2019.7 重印）

ISBN 978-7-5682-7334-3

Ⅰ. ①数… Ⅱ. ①周… Ⅲ. ①高等数学-实验-Matlab 软件 Ⅳ. ①O13-33

中国版本图书馆 CIP 数据核字（2019）第 157922 号

出版发行 / 北京理工大学出版社有限责任公司	
社　　址 / 北京市海淀区中关村南大街 5 号	
邮　　编 / 100081	
电　　话 /（010）68914775（总编室）	
（010）82562903（教材售后服务热线）	
（010）68948351（其他图书服务热线）	
网　　址 / http://www.bitpress.com.cn	
经　　销 / 全国各地新华书店	
印　　刷 / 北京九州迅驰传媒文化有限公司	
开　　本 / 710 毫米 × 1000 毫米　1/16	
印　　张 / 14.75	责任编辑 / 王玲玲
字　　数 / 264 千字	文案编辑 / 王玲玲
版　　次 / 2019 年 7 月第 1 版　2019 年 7 月第 2 次印刷	责任校对 / 周瑞红
定　　价 / 36.00 元	责任印制 / 李志强

图书出现印装质量问题，请拨打售后服务热线，本社负责调换

前 言

本书主要以 MATLAB 软件为实验平台，介绍了基本数学理论的计算机实现，以及基于数学模型、MATLAB 软件等的实际应用．本书可用于各高等院校开设的数学实验课程．

数学实验是计算机技术和数学、软件引入教学后出现的新事物．数学实验的目的是提高学生学习数学的积极性，提高学生对数学的应用意识并培养学生用所学的数学知识和计算机技术去认识问题和解决实际问题的能力．不同于传统的数学学习方式，它强调以学生动手为主的数学学习方式．在数学实验中，由于计算机的引入和数学软件包的应用，为数学的思想与方法注入了更多、更广泛的内容，使学生摆脱了繁重的乏味的数学演算和数值计算，促进了数学同其他学科之间的结合，从而使学生有时间去做更多的创造性工作．如何通过数学实验的手段辅助数学教学，如何通过数学课程的整合来呼应科学技术的发展与数学文化教育的进步，使数学课程改革的成果、计算技术进步的成果让广大高等院校学生都受益，是当前数学教育工作者面临的一个全新课题．

MATLAB 和 MATHEMATICA、MAPLE 并称为三大数学软件。在数学类科技应用软件中，MATLAB 在数值计算方面首屈一指。它可以进行矩阵运算、绘制函数和数据、实现算法、创建用户界面、连接其他编程语言的程序等，主要应用于工程计算、控制设计、信号处理与通信、图像处理、信号检测、金融建模设计与分析等领域．

本书在介绍数学实验基本思想和 MATLAB 软件入门知识后，依据主干课程数学内容，将数学方法和程序实现相结合，辅以实例，详细阐述基于 MAT-

LAB 软件的算法实现；同时，基于教学与科研相互促进等理念，凝练了若干来自科研课题、由实际问题驱动的应用实例. 因此，本书通过"理论—实现—应用"三者相结合的模式有效处理了数学实验课程的重点和难点，力求将数学实验的主题和 MATLAB 软件平台有机结合，在介绍数学实验思想的同时，较为系统地介绍 MATLAB 软件. 本教材在综合应用章节，提供了若干具体实例，包括问题提出、模型建立、算法设计和程序编写等环节，给学生基于 MATLAB 软件和数学知识解决实际问题提供了完整示例，因此，本书也可供应用数学的工作者和工程技术人员参考.

本书在编写过程中，得到了多位专家的关心和支持，并提出了宝贵意见，对此表示由衷的感谢. 由于水平有限，书中难免存在疏漏和不足之处，恳请读者指正.

作　者

目 录

第1章 数学实验简介 1
1.1 何谓数学实验 1
1.2 数学实验的目的和意义 2
1.3 主要数学软件简介 3

第2章 MATLAB 软件入门 5
2.1 MATLAB 软件的安装与基本操作 5
  2.1.1 MATLAB 软件安装 5
  2.1.2 MATLAB 的启动与退出 6
2.2 变量、表达式与运算符 9
  2.2.1 变量及其操作 9
  2.2.2 运算符 13
  2.2.3 表达式 14
2.3 数组、矩阵与字符串 15
  2.3.1 数组 15
  2.3.2 矩阵 16
  2.3.3 字符串 25
2.4 M 文件与函数文件 28
  2.4.1 M 文件 28
  2.4.2 函数文件 30
2.5 程序结构 33

第3章 数据可视化与 MATLAB 绘图 39
3.1 基本二维图形 39
  3.1.1 plot 函数 39
  3.1.2 plotyy 函数、fplot 函数和 ezplot 函数 44
3.2 图形辅助操作 48

3.2.1　图形保持 …………………………………………………… 49
　　3.2.2　图形分割 …………………………………………………… 49
　　3.2.3　图形标注 …………………………………………………… 51
　　3.2.4　坐标控制 …………………………………………………… 52
3.3　特殊的二维图形 ………………………………………………………… 54
　　3.3.1　直角坐标系下的几个特殊图形 ……………………………… 54
　　3.3.2　极坐标图 …………………………………………………… 57
　　3.3.3　饼图和复数相量图 ………………………………………… 57
3.4　三维图形 ………………………………………………………………… 58
　　3.4.1　三维曲线图 ………………………………………………… 58
　　3.4.2　三维曲面图 ………………………………………………… 59
　　3.4.3　其他三维图形 ……………………………………………… 64
3.5　三维动画 ………………………………………………………………… 67

第4章　矩阵代数的 MATLAB 实现 …………………………………………… 72
4.1　矩阵的分析与处理 ……………………………………………………… 72
　　4.1.1　矩阵运算符 ………………………………………………… 72
　　4.1.2　特殊矩阵生成 ……………………………………………… 73
　　4.1.3　矩阵处理 …………………………………………………… 74
4.2　矩阵的计算 ……………………………………………………………… 77
　　4.2.1　矩阵的行列式 ……………………………………………… 77
　　4.2.2　矩阵的秩 …………………………………………………… 78
　　4.2.3　矩阵的迹 …………………………………………………… 78
　　4.2.4　矩阵的逆 …………………………………………………… 78
　　4.2.5　矩阵的特征值与特征向量 …………………………………… 80
　　4.2.6　矩阵的线性空间的标准正交基 ……………………………… 81
　　4.2.7　矩阵的范数与条件数 ………………………………………… 83
4.3　多项式计算 ……………………………………………………………… 86
　　4.3.1　多项式基础 ………………………………………………… 86
　　4.3.2　多项式运算 ………………………………………………… 89
　　4.3.3　多项式曲线拟合 …………………………………………… 91
　　4.3.4　多项式插值 ………………………………………………… 92
4.4　线性方程组 ……………………………………………………………… 93

4.4.1　线性方程组的表示和种类 ……………………………………… 93
4.4.2　线性方程组的 MATLAB 求解 …………………………………… 94
4.5　非线性方程与非线性方程组求解 ……………………………………… 98
4.5.1　非线性方程数值求解 ……………………………………………… 98
4.5.2　非线性方程组的求解 ……………………………………………… 99
4.6　最优化问题求解 ………………………………………………………… 101
4.6.1　线性规划 …………………………………………………………… 101
4.6.2　无约束规划 ………………………………………………………… 105
4.6.3　非线性约束规划 …………………………………………………… 106
4.6.4　二次规划 …………………………………………………………… 108

第5章　微分、积分和微分方程的 MATLAB 实现 …………………………… 113
5.1　极限和导数的 MATLAB 求解 ………………………………………… 113
5.1.1　函数极限与间断点的计算 ………………………………………… 113
5.1.2　函数导数与极值的计算 …………………………………………… 118
5.2　积分的 MATLAB 求解 ………………………………………………… 122
5.2.1　定积分计算 ………………………………………………………… 123
5.2.2　二重积分与三重积分计算 ………………………………………… 126
5.2.3　曲线积分与曲面积分计算 ………………………………………… 134
5.3　级数计算 ………………………………………………………………… 139
5.3.1　常数项级数的收敛性判别与级数求和 …………………………… 139
5.3.2　幂级数与傅里叶级数 ……………………………………………… 144
5.4　微分方程的 MATLAB 求解 …………………………………………… 149
5.4.1　常微分方程的运算 ………………………………………………… 149
5.4.2　偏微分方程的运算 ………………………………………………… 156

第6章　概率论与数理统计的 MATLAB 实现 ……………………………… 167
6.1　随机生成数 ……………………………………………………………… 167
6.2　统计工具箱 ……………………………………………………………… 171
6.2.1　分布拟合工具箱 …………………………………………………… 171
6.2.2　演示工具箱 ………………………………………………………… 178
6.3　参数估计 ………………………………………………………………… 180
6.3.1　normfit 函数 ……………………………………………………… 180
6.3.2　betalike 函数 ……………………………………………………… 182

第7章　MATLAB 综合应用 ······ 185
7.1　基于 MATLAB 的流感传播动力学模型参数估计与仿真 ······ 185
7.1.1　流感传播动力学建模简介 ······ 185
7.1.2　关键参数蒙特卡洛估计的 MATLAB 实现 ······ 187
7.1.3　流感传播趋势的 MATLAB 仿真与 GUI 设计 ······ 192
7.2　基于 MATLAB 的血液光谱数据模式识别 ······ 196
7.2.1　模式识别简介 ······ 196
7.2.2　血液光谱数据分类识别的 MATLAB 实现 ······ 197
7.2.3　分类结果确定及分析 ······ 206
附录 ······ 211
参考文献 ······ 226

第1章 数学实验简介

1.1 何谓数学实验

近几十年来，人类科学技术的发展，可谓是日新月异．尤其是近年来，人工智能和大规模数据挖掘的发展，使得数据处理、科学计算和数学建模等在不同学科领域内发挥着越来越重要的作用．如何将"数学"用好正逐渐成为当前各领域内的热点话题，也促使了教育领域重新审视和加倍重视"数学实验"的教学．

"数学"不仅仅是一门科学，也是一种各领域普遍适用的关键技术．但对于"实验"，人们普遍的认识是应该与"物理""化学""生物"等自然科学相关联，而数学只是计算和证明．事实上，完整的数学活动应该包括实验、归纳、类比、猜想，其价值在于数学的发现、发明和探索．例如，勾股定理是源于实验、观察、归纳、猜想，然后才给出严格证明的；欧拉公式的发现也是源于实验观察、归纳和猜想，然后才是理论证明．因此，"数学"和"实验"的组合和其他所有实验学科一样，都是人对事物、规律等认识过程中不可或缺的一环．从数学教育的角度看，借助数学实验，可以激发学习兴趣，加深对数学的理解，培养探究能力；其教育价值还在于可以极大地丰富数学活动内容，有利于数学核心素养的形成．

随着计算机等信息技术的不断发展，人们学数学和利用数学解决问题的能力也发生了显著的变化．如今的高性能、大规模计算能力，使得求解很多过去无法求解的问题成为可能，也使以"笔+纸"为主的传统数学研究方式转变为：由实际问题驱动，建立数学模型，编写相应计算机程序，由计算机进行大量计算，得到模拟和仿真结果，甚至证明与推导，从而得出某种新的结论或发现．"数学模型"+"计算机技术"成为高科技的一种发展形式．即使在数学领域内，也产生了一批"实验数学家"，以计算机为工具，借助于数学实验进行数学研究．

这种基于数学知识并应用计算机来从事研究或解决实际问题的趋势，对科学技术人才的数学素质和能力已经提出了更新更高的要求．正是在这种趋势下,"数学实验"才得以诞生且逐步得到应有的重视.作为一门课程,"数学实验"诞生的时间并不长,最早以"数学实验室"的形式出现于20世纪80年代末美国的一些大学,重点是通过一系列基于数学理论和计算机的实验引导学生学数学和用数学.这类课程迅速引起了十分广泛的兴趣和关注,我国高校在20世纪90年代中期开始设置"数学实验"课,目前大多数学校已经开设这门课.

所谓数学实验,宽泛地讲,只要围绕某个数学相关问题,进行了探索、归纳和总结,就符合"数学实验"的主要含义.但在信息技术支持下,严格的"数学实验"应该是以数学理论作为实验原理,以计算机平台(包括适当硬件和相应专业软件)作为实验工具,以数学素材(包括基本数学原理和实际问题驱动的数学模型)作为实验对象,以程序运算作为实验形式,以数值计算、符号演算和图形显示等作为实验内容,以实例分析、模拟仿真、归纳总结等为实验方法,以辅助学数学、辅助用数学或辅助做数学为实验目的,以实验报告为最终形式的数学计算机实践活动.

1.2 数学实验的目的和意义

"数学实验"教学基于实际问题,有机结合"数学理论""数学模型"和"计算机应用",在具备基本数学理论基础的同时,掌握某种计算机软件编程或使用技能,学生以自身为主体,结合教师的指导,学习查阅文献资料、分析问题背景、建立数学模型或确定求解思路,进一步编写计算机程序进行计算求解,最后撰写实验报告或论文.在这个过程中,学生能得到全方位的训练,能提高数学学习兴趣,加深对数学理论的认识,提高专业数学软件的使用技能,同时能有效培养学生数学综合应用能力和创新精神.

"数学实验"课程的出现,打破了数学课程教学中"笔+纸"的传统模式,改变了由教师向学生传输知识的单向过程,树立了以"学生自主学习与实验"为主,"教师指导"为辅的教学模式,充分提高了学生的参与程度、发挥了学生的主观能动性.一个预先设计好的、难度适当、深度足够的实验课题对激发学生学习数学理论、应用数学解决实际问题、促进独立思考、培养创新意识等意义重大.

另外,数学实验有助于促进数学教学手段现代化和让学生掌握先进的数学工具.数学实验必须使用计算机及应用软件,将先进技术工具引进教学过程,不但作为一种教学辅助手段,而且作为解决实验中问题的主要途径.

实践证明,"数学实验"课程的教学无论对培养创新型人才还是应用型人才,都能发挥其他课程无法替代的重要作用.

1.3 主要数学软件简介

目前世界范围内的主流数学软件包括两大类:一类以数值运算为主,例如 MATLAB 软件等,以"矩阵"数据作为计算的数据结构,具有较强的数据计算与可视化能力;另一类以符号运算见长,例如 Mathematica、Maple 等,具有较强的符号推导能力. 就应用学科而言,Mathematica、Maple 等软件主要以数学等理学学科为主;而 MATLAB 软件由于其高效率的数值计算能力与数据可视化能力,使其在数学之外的很多其他学科内得到了广泛应用,尤其是 MATLAB 软件内嵌入 Maple 内核之后,使其兼具了数值计算和符号运算两类软件的优势. 下面分别简单介绍 MATLAB 和 Mathematica 两款最常用的数学软件.

1. MATLAB 软件

MATLAB 软件名意为矩阵实验室(Matrix Laboratory),基于 C 语言编写,在 20 世纪 70 年代用来提供 Linpack 和 Eispack 软件包的接口程序. 从 80 年代 DOS 版本起,MATLAB 逐渐成为对数值计算和可视化有需求的众多学科与行业领域使用的程序语言. MATLAB 软件可以在 Windows、OS/2、UNIX、Linux 等十几个常见操作平台上运行.

MATLAB 软件由主程序和各种工具包组成。其中主程序包含数百个内部函数,工具包则包括优化工具包、神经网络工具包、控制系统工具包、信号处理工具包、样条工具包、符号数学工具包、图像处理工具包、统计工具包、复杂系统仿真、系统识别工具包、μ 分析和综合工具包等.

MATLAB 软件以矩阵作为基本数据单位,将常用的数学计算以内部函数的方式提供给用户使用,方便了数学及其他不同学科领域使用者在复杂数学计算领域的应用. 与此同时,MATLAB 软件之所以能在全世界范围内被不同学科广泛使用,重点在于其提供了开放式的接口,用户在调用内部函数和各种工具包的同时,还可以自己编写函数,以实现不同行业领域的需要,使其成为数字信号处理、动态系统仿真、数理统计、自动控制等方面的首选计算软件,是科研工作人员和工程师们的得力工具.

2. Mathematica 软件

Mathematica 软件同样是一款基于 C 语言开发,具有较强数值计算和符号计算能力的软件,其符号运算不是基于 Maple,而是自己开发的. Mathematica

软件是由美国物理学家 Stephen Wolfram 领导的 Wolfram Research 开发的专业数学软件,是我国在 20 世纪 90 年代引入数学实验课程时,国内各高校主要介绍的数学计算软件,目前仍然有不少专家学者使用 Mathematica 软件。

Mathematica 软件是一个交互式的计算系统,计算是在用户和 Mathematica 互相交换、传递信息数据的过程中完成的,Mathematica 软件能比较容易地移植到各种平台上。Mathematica 软件对于输入形式有比较严格的规定,用户必须按照系统规定的数学格式输入,系统才能正确地处理。由于 3.0 版本引入输入面板,可以修改、重组输入面板,因此,以前版本输入指令时需要不断切换大小写字符的烦琐方式得到很好的改善。由于 Mathematica 软件兼顾数值计算和符号计算两个方面,从而使其在数值计算方面不如 MATLAB 软件方便高效,同时,在符号计算方面又不如 Maple 软件专业。

从 MATLAB 软件和 Mathematica 软件在数值计算和符号计算两方面特长来看,如果要求计算精度、符号计算和编程方面较强,最好同时使用 Maple 软件和 Mathematica 软件,它们在符号处理方面各具特色,有些 Maple 不能处理的,Mathematica 软件却能处理,诸如某些积分、求极限等方面。如果要求进行矩阵方面或图形方面的处理,则选择 MATLAB 软件,它的矩阵计算和图形处理方面则是它的强项,可以很方便地处理科学计算和数值仿真等问题。

总体来看,MATLAB 软件目前使用的范围更广,尤其是其工程应用非常突出。虽然 Mathematica 软件的实际应用范围比 MATLAB 软件的要小,但不是说 Mathematica 软件就比 MATLAB 软件要差。Mathematica 是一款计算功能极其卓越的软件,可以提供所有常规函数的数学模型,并且可以进行深度计算。国外很多著名的大学都在用它做解析计算和公式的推导、证明、算法的研究。

数值仿真是 MATLAB 软件非常重要的一个方面,其在实际工程应用上的优势是非常巨大的。所以 MATLAB 软件的应用范围远比 Mathematica 软件的要广,这是 MATLAB 软件的优势。因此,本教材基于 MATLAB 软件给大家介绍相关数学实验的知识及其计算机实现。

第2章 MATLAB 软件入门

自 20 世纪 80 年代以来，MATLAB、Mathmatica、Mathcad、Maple 等数学软件开始流行，它们具有功能强、效率高、简单易学等特点，在许多领域得到广泛应用，受到各个领域专业人士的青睐．当前影响最大、流行最广的当属 MATLAB 数学软件．MATLAB 在多个领域有着广阔的应用空间，特别是在科学计算、建模仿真及信息工程系统的设计开发上，MATLAB 已经成为行业内首选设计工具．全球现有超过 50 万的企业和上千万的个人用户，广泛地分布在航空航天、金融财务、机械化工、电信、教育等各个行业．目前，MATLAB 已被广大科研工作者和工程技术人员作为广泛使用和开发型工具软件．

本章将简单介绍 MATLAB 软件的安装及基本操作、MATLAB 中各种数据的表示方法及数据的基本运算、MATLAB 程序设计．

2.1 MATLAB 软件的安装与基本操作

2.1.1 MATLAB 软件安装

安装 MATLAB R2015b 系统，需运行系统自带的安装程序 setup.exe．开始安装时，将 MATLAB R2015b 系统光盘放入 CD-ROM 驱动器中，一般情况下，安装程序会自动运行．如果没有自动运行，则双击"setup.exe"文件即可运行．运行后，将进入 MATLABB 安装程序的对话框，用户可以按照安装提示依次操作．

在欢迎对话框中，选择"使用文件安装密钥"选项，单击"下一步"按钮，将进入许可协议对话框，选中"是"表示接受协议，然后单击"下一步"按钮，选中"我已有我的许可证的文件安装密钥"单选框，并输入安装密钥，然后单击"下一步"按钮．在该对话框中，需要输入安装的路径或选择安装路径，然后选择需要安装的 MATLAB 组件．对于 MATLAB R2015b，其功能组件很多，用户可以自行取舍．但是对于软件运行所必需的组件，必须选中，如主模块．当用户确定选择方案后，就可以单击"下一步"按钮，进入自定义安装对话框，可以选择一些安装选项．然后单击"下一步"按钮，进入确认对话框,对所选择的组件进行确认后,单击"安装"按钮,进入文件复制对话框.

在复制文件前,系统会检测硬盘空间是否满足要求,MATLAB R2015b 需要 12 GB 硬盘空间,如果空间不够,系统会发出警告,以便用户删除某些不需要的文件,为系统的安装腾出空间.如果空间满足要求,安装程序会自动进入文件复制阶段.

在文件复制完成后,会弹出产品配置对话框.在此对话框中,用户可以直接单击"下一步"按钮进入安装完成对话框.在安装完成对话框中,单击"完成"按钮退出安装程序.至此,MATLAB 系统安装完毕.

2.1.2 MATLAB 的启动与退出

一、MATLAB 系统的启动

与一般的系统一样,启动 MATLAB 系统有 3 种常见方法.

① 在 Windows 桌面,单击任务栏上的"开始"按钮,选择"程序"菜单项,然后选择"MATLAB R2015b"程序选项,就可以启动 MATLAB 系统.

② 在 MATLAB 安装路径中找到 MATLAB 系统启动程序 MATLAB. exe 并运行.

③ 利用建立快捷方式的功能,将 MATLAB 系统启动程序以快捷方式放在 Windows 桌面上,只要双击该图标,即可启动 MATLAB.

启动 MATLAB 后,将进入 MATLAB R2015b 集成环境,如图 2 – 1 所示. MATLAB R2015b 集成环境包括多个窗口,除 MATLAB 主窗口外,还有命令窗口(Command Window)、工作空间(Workspace)窗口、命令历史(Command History)窗口和当前目录(Current Directory)窗口.这些窗口都可以内嵌在 MATLAB 主窗口中,组成 MATLAB 的工作界面.

二、MATLAB 系统的退出

要退出 MATLAB 系统,有两种常见方法:

① 在 MATLAB 命令窗口输入"Exit"或"Quit"命令.

② 单击 MATLAB 主窗口右上角的"关闭"按钮.

三、MATLAB 操作界面

1. 主窗口

MATLAB 主窗口是 MATLAB 的主要工作界面.主窗口嵌入一些子窗口和工具栏.MATLAB R2015b 主窗口的工具栏包含 Windows 窗口工具栏常用选项和 MATLAB 专用选项,有"HOME""PLOTS"和"APPS"共 3 个工具栏."HOME"工具栏包括文档操作的新建和打开常用功能,还有数据导入、保存工作区、新建变量、打开变量和清除工作区等命令按钮,以及"Help""Add – Ons"

第 2 章　MATLAB 软件入门 7

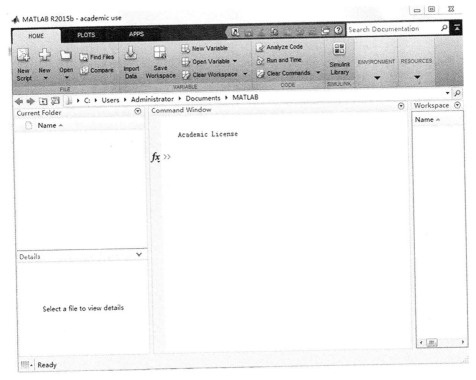

图 2-1　MATLAB R2015b 集成环境

下拉列表；"PLOTS"工具栏则包含各种曲线绘制的命令按钮，当输入变量列表后，可以单击想要绘制的图形进行绘图；"APPS"工具栏包含了曲线拟合工具箱、优化工具箱、记事本应用程序、信号分析工具箱、图像采集系统等 12 个工具箱.

2. 命令窗口

MATLAB R2015b 的每个窗口右上角都有个下拉菜单，不同的子窗口包含不同的菜单项. 选择"Command Window"（命令窗口）时，下拉窗口包含"Clear Command Window""Select All""Find …""Print …""Page Setup …""Minimize""Maximize"和"Undock"菜单项. "Clear Command Window"用来清除命令窗口所有命令；"Select All"用于选择命令窗口所有显示内容；"Find…"用于在命令窗口内查找所关注的内容；"Print…"用于连接打印机打印.

命令窗口是 MATLAB 中最重要的窗口，默认显示在工作界面的中间，用于输入命令并显示除图形以外的所有执行结果. MATLAB 命令窗口中的">>"为命令提示符，表示 MATLAB 正处于准备状态. 在提示符后输入命令并按下 Enter 键后，MATLAB 就会解释执行所输入的命令，并在命令后面给出计算结果.

一般地，一个命令行输入一条命令，命令行以回车结束．但一个命令行也可以输入若干条命令，各命令之间以逗号分隔，若前一命令后带有分号，不显示这条命令的结果．例如：

```
x = 2, y = 3
x = 2; y = 3
```

两个命令行都是合法的，第一个命令行执行后显示 x 和 y 的值；第二个命令行因命令 $x=2$ 后面带有分号，x 的值不显示，而只显示 y 的值．

如果一个命令行很长，而一个物理行之内又写不下，可以在第一个物理行之后加上 3 个小黑点并按下 Enter 键，然后接着下一个物理行继续写命令的其他部分．3 个小黑点称为续行符，即把下面的物理行看作是该行的逻辑继续．

在 MATLAB 里有很多控制键和方向键可用于命令行的编辑．如果能熟练使用这些键，将大大提高操作效率．例如，在命令窗口重新输入命令时，用户不用输入整行命令，而只需按方向键（↑）调出刚刚输入的命令行，按下 Enter 键执行命令即可．还可以反复使用↑键回调之前输入的所有命令行，输入少量的几个字母，再按↑键可以调出最后一条以这些字母开头的命令．表 2 - 1 介绍了 MATLAB 命令行编辑的常用操作键及其功能．

表 2 - 1 命令行编辑中常用的操作键及其功能

键名	功能	键名	功能
↑	前寻式调回已输入过的命令	Home	将光标移到当前行行首
↓	后寻式调回已输入过的命令	End	将光标移到当前行末尾
←	在当前行中左移光标	Del	删除光标右边的字符
→	在当前行中右移光标	Backspace	删除光标左边的字符
PgUp	前寻式翻滚一页	Esc	删除当前行全部内容
PgDn	后寻式翻滚一页		

3. 工作空间窗口

工作空间是 MATLAB 用于存储各种变量和结果的内存空间．工作空间窗口是 MATLAB 集成环境的重要组成部分，它与 MATLAB 命令窗口一样，不仅可以内嵌在 MATLAB 的工作界面，还可以以独立的形式浮动在界面上．浮动的工作空间窗口如图 2 - 2 所示．在该窗口中显示工作空间中所有变量的名称、取值和变量类型说明，可对变量进行观察、编辑、保存和删除．

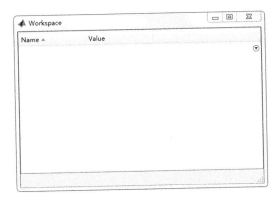

图 2-2 浮动的工作空间窗口

4. 帮助

MATLAB 为用户提供了详细完善的帮助系统,无论是初学者,还是熟悉 MATLAB 的用户,养成经常查阅帮助系统的习惯,对于熟练掌握 MATLAB 的各项强大功能都是十分必要的. MATLAB R2015b 版本提供的帮助方式有文本格式帮助文件、PDF 格式帮助文件、演示文档、技术支持网站帮助和导航浏览交互帮助界面.

随着 MATLAB 版本的不断更新,MATLAB 的帮助文档也在不断地改进和完善. 在早期的版本中,由于 MATLAB 的图形用户接口(GUI)还没有出现,所以用户只能在命令窗口使用"help"命令和"lookfor"命令来查看帮助文本,这两个命令现在仍是行之有效的帮助方式之一.

MATLAB R2015b 沿用了之前导航浏览交互界面帮助子系统,该系统对于 MATLAB R2015b 的功能叙述详尽、界面友好、易于操作,是用户最常用的帮助方式,此系统包含的所有帮助文件都存储在路径"MATLAB\help"下. 导航浏览交互界面包括"Help Navigator"(帮助导航)窗口和"Help Browser"(帮助浏览)窗口,用户可以使用在指令窗口输入"doc"命令打开帮助浏览窗口.

2.2 变量、表达式与运算符

2.2.1 变量及其操作

MATLAB 不需要任何类型声明和维数说明. 对于新变量名,MATLAB 会自动创建对应的变量并分配合适的内存. 如果变量已经存在,MATLAB 会改变它的内容;如果必要,会分配新的存储量.

一、变量与赋值

1. 变量命名

变量代表一个或若干个内存单元，为了对变量所对应的存储单元进行访问，需要给变量命名。在 MATLAB 中，变量名的第一个字符必须是字母，后接字母、数字或下划线等字符序列，最多 63 个字符。例如，mskkyifa45、my_examp06、myexamp06_均为合法的变量名，而 52adlkjal、_myexamp06 为不合法的变量名。另外，在 MATLAB 中，变量名区分字母的大小写。A 和 a 是不同的变量。值得注意的是，MATLAB 提供的标准函数名及命令名必须用小写字母。例如，求矩阵 A 的逆用 inv(A)，不能写成 Inv(A) 或 INV(A)，否则会出错。

2. 赋值语句

MATLAB 赋值语句有两种形式：

① 变量 = 表达式。

② 表达式。

其中表达式是用运算符将有关运算量连接起来的式子，其结果是一个矩阵。在第一种语句形式下，MATLAB 将右边表达式的值赋给左边的变量，而在第二种语句形式下，将表达式的值赋给 MATLAB 的预定义变量 ans。

一般地，运算结果在命令窗口中显示出来。如果在语句的最后加分号，那么 MATLAB 仅仅执行赋值操作，不再显示运算的结果。如果运算的结果是一个很大的矩阵或根本不需要运算结果，则可以在语句的最后加上分号。

在 MATLAB 语句后面可以加上注释，用于解释或说明语句的含义，对语句处理结果不产生任何影响。注释以 % 开头，后面是注释的内容。

例 2.1 计算表达式 $\dfrac{5+\cos 30°}{1+\sqrt{7}-2\mathrm{i}}$ 的值，并将结果赋给变量 x，然后显示出结果。

解：在 MATLAB 命令窗口输入命令：

```
x = (5 + cos(30 * pi/180))/(1 + sqrt(7) - 2 * i)
% 计算表达式的值
```

其中，pi 和 i 都是 MATLAB 的预定义变量，分别代表圆周率 π 和虚数单位。输出结果为：

```
x =
    1.2368 + 0.6785i
```

3. 预定义变量

在 MATLAB 工作空间中，还驻留几个由系统本身定义的变量。除前面介绍过的 ans、pi 和 i 外，还有一些常用的预定义变量，现将它们列于表 2-2 中。

表 2-2 常用的预定义变量及其含义

预定义变量	含义	预定义变量	含义
ans	计算结果的默认赋值变量	nargin	函数输入参数个数
eps	机器零阈值	nargout	函数输出参数个数
pi	圆周率 π 的近似值	realmax	最大正实数
i, j	虚数单位	realmin	最小正实数
inf, Inf	无穷大	lasterr	存放最新的错误信息
NaN, nan	非数字值	lastwarn	存放最新的警告信息

MATLAB 预定义变量有特定的含义，在使用时应尽量避免对这些变量重新赋值。以 i 或 j 为例，在 MATLAB 中，i、j 代表虚数单位，如果给 i 重新赋值，就会覆盖掉原来虚数单位的定义，这时可能会导致一些很隐蔽的错误。例如，由于习惯的原因，程序中通常使用 i、j 作为循环变量，这时如果有复数运算，就会导致错误。因此，不要用 i、j 作为循环变量名，除非确认在程序的作用域内不会和复数打交道；或者使用像 4+3i 这样的复数记法，而不用 4+3*i。还可以在使用 i 作为循环变量时，换用 j 表示复数。

二、变量的管理

1. 内存变量的显示与删除

who 和 whos 这两个命令用于显示在 MATLAB 工作空间中驻留的变量名清单。但 whos 在给出驻留变量名的同时，还给出它们的维数、所占字节数及变量的类型。下面的例子说明了 who 和 whos 命令的区别。

```
who
Your variables are:
x y z
whos
Name      Size     Bytes    Class
x         3 * 3      72     double array
y         3 * 3      72     double array
z         1 * 1       8     double array
```

clear 命令用于删除 MATLAB 工作空间中的变量。注意，预定义变量不能被删除。

MATLAB 工作空间窗口专门用于内存变量的管理。在工作空间窗口中可以显示所在内存变量的属性。当选中某些变量后，再单击工作空间窗口工具栏中的"Delete"按钮，就能删除这些变量．当选中某些变量后，再单击"Open Selection"按钮，即进入变量编辑器（图 2 – 3），通过变量编辑器可以直接观察变量中的具体元素，也可修改变量中的具体元素．

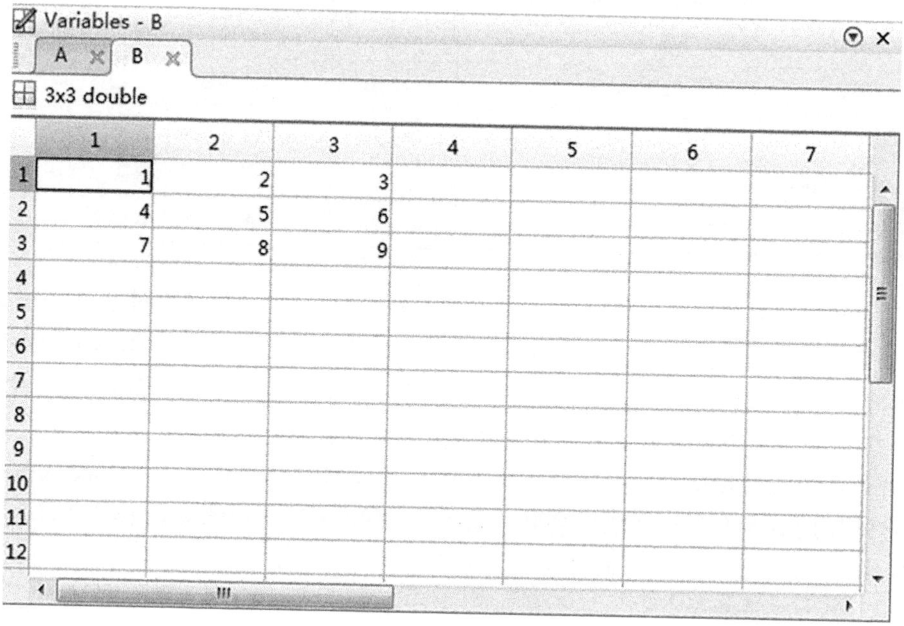

图 2 – 3　变量编辑器

2. 内存变量文件

利用 MAT 文件可以把当前 MATLAB 工作空间中的一些有用变量长久保留下来．MAT 文件是 MATLAB 保存数据的一种标准的二进制格式文件，扩展名一定是 .mat．MAT 文件的生成和装入由 save 和 load 命令来完成．常用格式为：

　　save 文件名 [变量名表][-append][-ascii]
　　load 文件名 [变量名表][-ascii]

其中，文件名可以带路径，但不需带扩展名 .mat，命令默认对 MAT 文件进行操作；变量名表中的变量个数不限，只要内存或文件中存在即可，变量名之间以空格分隔，当变量名表省略时，保存或装入全部变量；" -ascii"选项使文件以 ASCII 格式处理，省略该选项时，文件将以二进制格式处理；save 命令中的" -append"选项将变量追加到 MAT 文件中．

假定变量 A 和 B 存在于 MATLAB 工作空间中，输入以下命令便可借助 mydata.mat 文件保存 A 和 B：

```
save mydata A B
```

假如在下次重新进入 MATLAB 后,需要使用矩阵 **A** 和 **B**,可用下述命令把 mydata.mat 中的内容装入 MATLAB 工作空间:

```
load mydata
```

执行上述命令后,在当前的 MATLAB 环境中,**A** 和 **B** 就是已知变量了.

注意:mydata 是用户自己定义的文件名,MATLAB 默认扩展名为 .mat. 上述 save 命令执行以后,该 mydata.mat 文件将存放在当前目录. 假如用户有意要让 mydata.mat 存放在指定的其他目录(比如 d:\zwd 目录)中,那么 save 命令改为:

```
save d:\zwd\mydata A B
```

当然,相应 load 命令中文件名前也要加路径名.

除了操作命令以外,通过双击 Workspace 窗口内的变量名可以打开"Variables"窗口,同时,工具栏里会添加"VARIABLE"工具项. 通过"Insert"和"Delete"按钮可以对变量添加和删除行列操作,通过"New from Selection"按钮可以新建一个变量.

2.2.2 运算符

MATLAB 的基本算术运算有加、减、乘、除、乘方. 这些算术运算的运算规则不难理解,但必须注意运算优先规则. 表 2-3 介绍了算术运算符和优先规则.

表 2-3 表达式采用的算术运算符和优先规则

运算符	说明
+	加
-	减
*	乘
/	右除
\	左除
^	幂
'	复数共轭转置
( )	指定计算顺序

2.2.3 表达式

与其他程序语言类似，MATLAB 提供了数学表达式功能．但是，与大多数程序语言不同的是，这些表达式主要针对矩阵进行操作．

MATLAB 提供了很多内部数学函数，包括 abs、sqrt、exp 和 sin 等．对负数取平方根或对数不会导致错误，MATLAB 会自动返回复数计算结果．MATLAB 还提供了很多高级的数学函数，包括 Bessel 和 gamma 函数等．这些函数中的大部分都接受复数变量．在命令窗口键入下面的命令，可以查看此类函数的列表．

```
help elfun
```

键入下面的命令行，可以找到更多的高级数学函数和矩阵函数．

```
help specfun
help elmat
```

有些函数如 sqrt 和 sin 是内部函数，内部函数是 MATLAB 内核的一部分，所以它们的计算效率很高，但计算细节无法获取．其他函数，如 gamma 和 sinh，是用 M 文件实现的．内部函数和其他函数有一些不同，例如，对于内部函数，无法看到代码；对于其他函数，则可以看到代码．

下面是一些表达式的例子．

```
rh = (1 + sqrt(5))/2
rh =
  1.6180
a = abs(3 + 4i)
a =
  5
z = sqrt(besselk(4/3,rh - i))
z =
  0.3730 + 0.3214i
h = exp(log(realmax))
h =
  1.7977e + 308
tt = pi * h
tt =
  Inf
```

2.3 数组、矩阵与字符串

2.3.1 数组

在 MATLAB 中构造数组的方法很简单，只需要用空格和逗号间隔数组元素，然后用方括号括起来就行了．例如：

```
x = [0 1 2 4 8]
```

就构造了一个有 5 个元素的数组 x.

除了直接构造外，还有一些常用的构造方法，下面介绍两种，即增量法和 linspace 函数法．

1. 用增量法构造数组

利用 MATLAB 提供的冒号操作符（first:last）可以生成 $1 \times n$ 的矩阵，即数组．数组中的元素按顺序从 first 一直到 last. 默认序列是以增量方式生成的，后面的数比它前面一个数大 1. 例如：

```
A = 1:5
A =
     1   2   3   4   5
```

数组不必由正整数组成，它也可以包括负值和小数，例如：

```
A = -2.5:2.5
A =
    -2.5000   -1.5000   -0.5000    0    0.5000    1.5000    2.5000
```

默认时，MATLAB 创建序列时增量总是 1，即使最后的值不是整数，例如：

```
A = 1:6.3
A =
     1   2   3   4   5   6
```

注意，冒号操作符生成的默认序列总是增序排列，而不是减序排列的．下面试图生成减序排列的数值序列时，结果失败．

```
A = 5:1
A =
    Empty matrix: 1-by-0
```

实际上，使用冒号操作符时，可以指定增量步长值．可以使用（first：step：last）的格式．例如下面创建一个10和50之间增量为5的数值序列．

```
A = 10:5:50
A =
    10    15    20    25    30    35    40    45    50
```

增量也可以是小数，例如，下面的例子中增量为0.2．

```
A = 4:0.2:4.8
A =
    4.0000    4.2000    4.4000    4.6000    4.8000
```

指定增量为负时，创建减序数值序列．例如：

```
A = 10:-1:1
A =
    10    9    8    7    6    5    4    3    2    1
```

2. 用linspace函数构造数组

用linspace函数构造数组，需要指定首尾值和元素总个数．基本形式是

```
x = linspace(first,last,num)
```

其中，first、last和num分别为x数组的首尾元素和元素个数．例如：

```
x = linspace(0,10,5)
x =
    0    2.5000    5.0000    7.5000    10.000
```

2.3.2 矩阵

矩阵是MATLAB的基本处理对象，也是MATLAB的重要特征．在MATLAB中，二维数组称为矩阵．

一、矩阵的创建方法

1. 直接输入法

MATLAB中创建矩阵最简单的方法是使用矩阵创建符号［ ］．在方括号内输入多个元素可以创建矩阵的一个行，并用逗号或空格把每个元素间隔开，不同行的元素之间用分号分隔．例如：输入命令

```
A = [12 63 93 -8 22;16 2 87 43 91;-4 17 -72 95 6]
```

```
A =
    12    63    93    -8    22
    16     2    87    43    91
    -4    17   -72    95     6
```

这样，MATLAB 工作空间中就建立了一个矩阵 A，以后就可以使用矩阵 A 了.

也可以用回车符代替分号，按下列方式输入：

```
A =
[12    63    93    -8    22↙
 16     2    87    43    91↙
 -4    17   -72    95     6]
```

方括号只能创建二维矩阵，包括 0×0、1×1 和 $1\times n$ 矩阵.

2. 构造特殊矩阵

MATLAB 提供了多个创建不同矩阵的函数，见表 2-4. 利用这些函数可以创建各种特殊矩阵.

表 2-4 特殊矩阵构造函数

函数	功能
ones	创建一个所有元素都为 1 的矩阵
zeros	创建一个所有元素都为 0 的矩阵
eye	创建对角线元素为 1，其他元素为 0 的矩阵
accumarray	将输入矩阵的元素分配到输出矩阵中的指定位置
diag	根据向量创建对角矩阵
magic	创建一个方形矩阵，其中行、列和对角线上元素的和相等
rand	创建一个矩阵或数组，其中的元素为服从均匀分布的随机数
randn	创建一个矩阵或数组，其中的元素为服从正态分布的随机数
randperm	创建一个向量（$1\times n$ 的矩阵）

表 2-4 中的大部分函数返回 double 型的矩阵. 但是，可以用 ones、zeros 和 eye 函数很容易生成任何数值类型的基本数组.

要做到这一点，需要将 MATLAB 数据类型名称作为最后一个变量，例如：

```
A = zeros(4,6)
A =
     0     0     0     0     0     0
     0     0     0     0     0     0
     0     0     0     0     0     0
     0     0     0     0     0     0
```

又如,下面的代码创建一个 5×5 魔方矩阵.

```
A = magic(5)
A =
    17    24     1     8    15
    23     5     7    14    16
     4     6    13    20    22
    10    12    19    21     3
    11    18    25     2     9
```

注意,每一行、每一列和每个人对角线上的数值加起来都等于 65.

下面的代码创建元素为服从均匀分布的随机数的矩阵或数组,将每个元素乘以 20.

```
A = rand(5)*20
A =
   19.0026   15.2419   12.3086    8.1141    1.1578
    4.6228    9.1294   15.8387   18.7094    7.0574
   12.1369    0.3701   18.4363   18.3381   16.2633
    9.7196   16.4281   14.7641    8.2054    0.1972
   17.8260    8.8941    3.5253   17.8730    2.7778
```

下面的代码根据向量创建一个对角矩阵.可以将向量元素放在矩阵的主对角线上,或者放在主对角线的上方或下方,如下所示,其中 -1 表示将向量元素放在主对角线下方.

```
A = [12 62 38 -9 51]
B = diag(A,-1)
B =
     0     0     0     0     0     0
    12     0     0     0     0     0
```

```
    0    62     0     0     0     0
    0     0    38     0     0     0
    0     0     0    -9     0     0
    0     0     0     0    51     0
```

3. 建立大矩阵

大矩阵可由方括号中的小矩阵建立起来. 例如:

```
A = [1 2 3;4 5 6;7 8 9];
C = [A,eye(size(A));ones(3),A]
C =
     1     2     3     1     0     0
     4     5     6     0     1     0
     7     8     9     0     0     1
     1     1     1     1     2     3
     1     1     1     4     5     6
     1     1     1     7     8     9
```

其中, eye(3) 返回 3×3 单位矩阵; ones(3) 返回 3×3 全 1 矩阵.

二、矩阵的拆分

1. 矩阵元素

MATLAB 允许用户对一个矩阵的单个元素进行赋值和操作. 例如, 如果想将矩阵 A 的第 3 行第 2 列的元素赋为 200, 则可以通过下面语句来完成:

```
A(3,2) = 200
```

这时将只改变该元素的值, 而不影响其他元素的值. 如果给出的行下标或列下标大于原来矩阵的行数或列数, 则 MATLAB 将自动扩展原来的矩阵, 并将扩展后未赋值的矩阵元素置为 0. 例如:

```
A = [1,2,3;4,5,6]
A(4,5) =10
A =
     1     2     3     0     0
     4     5     6     0     0
     0     0     0     0     0
     0     0     0     0    10
```

在MATLAB中,也可以采用矩阵元素的序号来引用矩阵元素.矩阵元素的序号就是相应元素在内存中的排列顺序.矩阵元素按列编号,先第一列,再第二列,依此类推.例如:

```
A = [1,2,3;4,5,6]
A(3)
ans =
    2
```

2. 矩阵拆分

(1) 利用冒号表达式获得子矩阵

① $A(:,j)$ 表示取 A 矩阵的第 j 列全部元素;$A(i,:)$ 表示 A 矩阵第 i 行的全部元素;$A(i,j)$ 表示取 A 矩阵第 i 行、第 j 列的元素.

② $A(i:i+m,:)$ 表示取 A 矩阵第 $i\sim i+m$ 行的全部元素;$A(:,k:k+m)$ 表示取 A 矩阵第 $k\sim k+m$ 列的全部元素;$A(i:i+m,k:k+m)$ 表示取 A 矩阵第 $i\sim i+m$ 行内,并在第 $k\sim k+m$ 列中的所有元素.例如:

```
A = [1,2,3,4,5;6,7,8,9,10;11,12,13,14,15;16,17,18,19,20]
A =
     1     2     3     4     5
     6     7     8     9    10
    11    12    13    14    15
    16    17    18    19    20
A(2:3,4:5)
ans =
     9    10
    14    15
```

又如:

```
A(2:3,1:2:5)
ans =
     6     8    10
    11    13    15
```

③ $A(:)$ 将矩阵 A 每一列元素堆叠起来,成为一个列向量,而这也是MATLAB变量的内部储存方式.例如:

```
A = [23 54 65;34 6 55]
A =
    23    54    65
    34     6    55
B = A(:)
B =
    23
    34
    54
     6
    65
    55
```

在这里，A(:) 产生一个 6×1 的矩阵，等价于 reshape(A,6,1).

利用 MATLAB 的冒号运算，可以很容易地从给出的矩阵中获得子矩阵，这样处理的速度比利用循环语句来赋值的方式快得多，所以，在实际编程时，应该尽量采用这种赋值方法.

(2) 利用空矩阵删除矩阵的元素

在 MATLAB 中，定义 [ ] 为空矩阵. 给变量 X 赋空矩阵的语句为 X = [ ]. 注意，X = [ ] 与 clearX 不同，clear 是将 X 从工作空间中删除，而空矩阵则存在于工作空间，只是维数为 0.

将某些元素从矩阵中删除，采用将其置为空矩阵的方法就是一种有效的方法. 例如：

```
A = [1,2,3,4,5,6;7,8,9,10,11,12;13,14,15,16,17,18];
A(:,[2 4]) = [ ]
```

其中，第二条命令将删除 A 的第 2 列和第 4 列元素. 输出为：

```
A =
     1     3     5     6
     7     9    11    12
    13    15    17    18
```

三、矩阵的运算

1. 基本算术运算

MATLAB 的基本算术运算有 +（加）、-（减）、*（乘）、/（右除）、\（左除)、^(乘方). 这些算术运算的运算规则不难理解,但必须注意,运算是在矩阵意义下进行的,单个数据的算术运算中是一种特例.

(1) 矩阵加减运算

假定有两个矩阵 A 和 B,则可以由 $A+B$ 和 $A-B$ 实现矩阵的加减运算. 运算规则是:若 A 和 B 矩阵的维数相同,则可以执行矩阵的加减运算, A 和 B 矩阵的相应元素相加减. 如果 A 和 B 的维数不相同,则 MATLAB 将给出错误信息,提示用户两个矩阵的维数不匹配.

一个标量也可以和其他不同维数的矩阵进行加减运算. 例如:

```
x =[2,-1,0;3,2,-4];
y =x-1
y =
    1    -2    -1
    2     1    -5
```

(2) 矩阵乘法

假定有两个矩阵 A 和 B,若 A 为 $m \times n$ 矩阵, B 为 $n \times p$ 矩阵,则 $C = A * B$ 为 $m \times p$ 矩阵,其各个元素为:

$$c_{ij} \sum_{k=1}^{n} a_{ik} \cdot b_{kj} \quad (i=1,2,\cdots,p)$$

例如:

```
A =[1,2,3;4,5,6];
B =[1,2;3,0;7,4];
C =A*B
C =
    28    14
    61    32
```

矩阵 A 和 B 进行乘法运算,要求 A 的列数与 B 的行数相等,此时则称 A、B 矩阵是可乘的,或称 A 和 B 两矩阵维数相容. 如果两者的维数不相容,则将给出错误信息,提示用户两个矩阵是不可乘的.

在 MATLAB 中,还可以进行矩阵和标量相乘,标量可以是乘数,也可以是被乘数. 矩阵和标量相乘是矩阵中的每个元素与此标量相乘.

(3) 矩阵除法

在 MATLAB 中,有两种矩阵除法运算:\和/,分别表示左除和右除. 如果 A 矩阵是非奇异方阵,则 $A\backslash B$ 和 A/B 运算可以实现. $A\backslash B$ 等效于 A 的逆左

乘 **B** 矩阵,也就是 inv(**A**)***B**,而 **B/A** 等效于 **A** 的矩阵逆右乘 **B** 矩阵,也就是 **B** *inv(**A**).

对于含有标量的运算,两种除法运算的结果相同,如 3/4 和 4\3 有相同的值,都等于 0.75. 又如,设 **a** = [10.5,25],则 **a**/5 = 5**a** = [2.1000 5.000]. 对于矩阵来说,左除和右除表示两种不同的除数矩阵和被除数矩阵的关系. 对于矩阵运算,一般 **A\B**≠**A/B**. 例如:

```
a =[1,2,3;4,2,6;7,4,9];
b =[4,3,2;7,5,1;12,7,92];
c1 = a\b
c1 =
    0.5000   -0.5000   44.5000
    1.0000    0.0000   46.0000
    0.5000    1.1667  -44.8333
c2 = b/a
c2 =
   -0.1667   -3.3333    2.5000
   -0.8333   -7.6667    5.5000
   12.8333   63.6667  -36.5000
```

(4) 矩阵的乘方

一个矩阵的乘方运算可以表示成 **A**^x,要求 **A** 为方阵,x 为标量. 例如:

```
A = [1,2,3;4,5,6;7,8,0];
A^2
ans =
    30    36    15
    66    81    42
    39    54    69
```

显然,**A**^2 即 **A*****A**.

矩阵的开方运算是相当困难的,但有了计算机后,这种运算就不再显得那么麻烦了,用户可以利用计算机方便地求出一个矩阵的方根. 例如:

```
A = [1,2,3;4,5,6;7,8,0];
A^0.1
ans =
```

```
  0.9750 + 0.2452i   0.1254 - 0.0493i   0.0059 - 0.0604i
  0.2227 - 0.0965i   1.1276 + 0.1539i   0.0678 - 0.1249i
  0.0324 - 0.1423i   0.0811 - 0.1659i   1.1786 + 0.2500i
```

2. 点运算

在 MATLAB 中，有一种特殊的运算，因为其运算符是在有关算术运算符前面加点，所以叫点运算．点运算符有 .*、./、.\ 和 .^．两矩阵进行点运算是指它们的对应元素进行相关运算，要求两矩阵的维数相同．例如：

```
A = [1,2,3;4,5,6;7,8,9];
B = [-1,0,1;1,-1,0;0,1,1];
C = A.*B
C =
   -1     0     3
    4    -5     0
    0     8     9
```

A.*B 表示 ***A*** 和 ***B*** 单个元素之间对应相乘．显然与 ***A*B*** 的结果不同．

如果 ***A***、***B*** 两矩阵具有相同的维数，则 ***A./B*** 表示 ***A*** 矩阵除以 ***B*** 矩阵的对应元素，***B.\A*** 等价于 ***A./B***．例如：

```
x =[1,2,3;4,5,6];
y =[-2,1,3;-1,1,4];
z1 =x./y
z1 =
   -0.5000    2.0000    1.0000
   -4.0000    5.0000    1.5000
x2 =y.\x
x2 =
   -0.5000    2.0000    1.0000
   -4.0000    5.0000    1.5000
```

显然 x./y 和 y.\x 值相等．这与前面介绍的矩阵的左除、右除是不一样的．

若两个矩阵的维数一致，则 ***A.^B*** 表示两矩阵对应元素进行乘方运算，例如：

```
x =[1,2,3];
y =[4,5,6];
```

```
z = x.^y
z =
    1    32    729
```

指数可以是标量. 例如:

```
x =[1,2,3];
z = x.^2
z =
    1    4    9
```

底也可以是标量. 例如:

```
x =[1,2,3];
y =[4,5,6];
z =2.^[x y]
z =
    2   4   8   16   32   6
```

点运算是 MATLAB 很有特色的一个运算符, 在实际应用中起着很重要的作用, 也是许多初学者容易弄混的一个问题. 下面再举一个例子进行说明.

当 $x=0.1$、0.4、0.7、1 时, 分别求 $y=\sin x\cos x$ 的值. 命令应当写成:

```
x = 0.1:0.3:1;
y = sin(x).*cos(x)
```

其中求 y 的表达式中必须是点乘运算. 如果 x 是一个标量, 则用乘法运算就可以了.

2.3.3 字符串

在 MATLAB 语言中, 字符串是用单撇号括起来的字符序列. 例如:

```
x = 'Mathematica School'
```

输出结果是:

```
x =
    Mathematica School
```

MATLAB 将字符串当作一个行向量, 每个元素对应一个字符, 其标识方法和数值向量的相同. 也可以建立多行字符串矩阵. 例如:

```
ch = ['abcde';'12345'];
```

这里要求各行字符数要相等。为此，有时不得不用空格来调节各行的长度，使它们彼此相等。

字符串是以 ASCII 码形式存储的。abs 和 double 函数都可以用来获取字符串矩阵所对应的 ASCII 码数值矩阵。相反，char 函数可以把 ASCII 码矩阵转换为字符串矩阵。

例 2.2 建立一个字符串向量，然后对该向量做如下处理：
① 取第 1~5 个字符组成子字符串。
② 将字符串倒过来重新排列。
③ 将字符串中的小写字母变成相应的大写字母，其余字符不变。
④ 统计字符中小写字母的个数。

解：命令如下：

```
ch = 'ABc123d4e56Fg9';
subch = ch(1:5)                 % 取子字符串
subch =
      ABc12
revch = ch(end:-1:1)            % 将字符串倒排
revch =
      9gF65e4d321cBA
k = find(ch >= 'a'&ch <='z');   % 找小写字母的位置
ch(k) = ch(k) - ('a' - 'A');
                                % 将小写字母变成相应的大写字母
char(ch)
ans =
      ABC123D4E56FG9
length(k)                       % 统计小写字母的个数
ans =
      4
```

与字符串有关的另一个重要函数是 eval，其调用格式为：

```
eval(t)
```

其中，t 为字符串。它的作用是把字符串的内容作为对应的 MATLAB 语句来执行。例如：

```
t = pi;
m ='[t,sin(t),cos(t)]';
y = eval(m)
y =
    3.1416    0.0000   -1.0000
```

MATLAB 还有许多与字符串处理有关的函数,表 2-5 列出了几个常用的函数.

表 2-5 字符串处理函数及其含义

函数名	含义	函数名	含义
setstr	将 ASCII 码值转换成字符	str2num	将字符串转换成数值
mat2str	将矩阵转换成字符串	strcat	用于字符串的连接
num2str	将数值转换成字符串	strcmp	用于字符串的比较
int2str	将整数转换成字符串		

关于字符串的写法,还要注意两点:

① 若字符串中的字符含有单撇号,则该单撇号字符需用两个单撇号来表示. 例如:

```
disp('I''m a teacher.')
```

将输出:

```
I'm a teacher.
```

② 对于较长的字符串,可以用字符串向量表示,即用 [ ] 括起来. 例如:

```
f = 70;
c = (f-32)/1.8;
disp(['Room temperature is',num2str(c),'degrees C.'])
```

其中,disp 函数的自变量是一个长字符串. 输出为:

```
Room temperature is 21.1111 degrees C.
```

2.4 M 文件与函数文件

2.4.1 M 文件

MATLAB 命令有两种执行方式：一种是交互式的命令执行方式，另一种是 M 文件的程序执行方式．命令执行方式是在命令窗口逐条输入命令，MATLAB 逐条解释执行．这种方式虽然操作简单、直观，但速度慢，执行过程不能保留．当某些操作需反复进行时，更使人感到不便．程序方式是将有关命令编成程序存储在一个文件（称为 M 文件）中，当运行该程序后，MATLAB 就会自动依次执行该文件中的命令，直至全部命令执行完毕．以后需要这些命令时，只需要再次运行该程序．程序执行方式成为实际应用中的重要执行方式．

一、M 文件的分类

用 MATLAB 语言编写的程序，称为 M 文件．M 文件是由若干 MATLAB 命令组合在一起构成的，它可以完成某些算法．实际上，MATLAB 提供的内部函数及各种工具箱，都是利用 MATLAB 命令开发的 M 文件．用户也可以结合自己的工作需要，开发具体的程序或工具箱．

通常，M 文件可以根据调用方式的不同，分为两类：命令文件（Script File）和函数文件（Function File），它们的扩展名为 .m，主要区别在于：

① 命令文件没有输入参数，也不返回输出参数，而函数文件可以带输入参数，也可返回输出参数．

② 命令文件对 MATLAB 工作空间中的变量进行操作，文件中所有命令的执行结果也完全返回到工作空间中，而函数文件中定义的变量为局部变量，当函数文件执行完毕时，这些变量被清除．

③ 命令文件可以直接运行，在 MATLAB 命令窗口输入命令文件的名字，就会顺序执行命令文件中的命令，而函数文件不能直接运行，而要以函数调用的方式来调用它．

例 2.3 建立一个命令文件，将变量 a、b 的值互换，然后运行该命令文件．

解：程序 1：

首先建立命令文件，并以文件名 exch.m 保存：

```
clear;
a = 1:10;
b = [11,12,13,14;15,16,17,18];
c = a;a = b;b = c;
```

```
a
b
```

然后在 MATLAB 的命令窗口中输入 exch，将会执行该命令文件，输出为：

```
a =
   11   12   13   14
   15   16   17   18
b =
    1    2    3    4    5    6    7    8    9   10
```

调用该命令文件时，不用输入参数，也没有输出参数，文件自身建立需要的变量．当文件执行完毕后，可以用命令 whos 查看工作空间中的变量．这时会发现 a、b、c 仍然保留在工作空间中．

程序 2：

首先建立函数文件 fexch.m：

```
function [a,b] = exch(a,b)
c = a; a = b; b = c;
```

然后在 MATLAB 的命令窗口调用该函数文件：

```
clear
x = 1:10;
y = [11,12,13,14;15,16,17,18];
[x,y] = fexch(x,y)
```

输出结果为：

```
x =
   11   12   13   14
   15   16   17   18
y =
    1    2    3    4    5    6    7    8    9   10
```

调用该函数文件时，既有输入参数，又有输出参数．当函数调用完毕后，可以用命令 whos 查看工作空间中的变量．这时会发现函数参数 a、b、c 未被保留在工作空间中，而 x、y 保留在工作空间中．

二、M 文件的建立与打开

M 文件是一个文本文件，它可以用任何编辑程序来建立和编辑，而一般常用且最为方便的是使用 MATLAB 提供的文本编辑器.

1. 建立新的 M 文件

为建立新的 M 文件, 启动 MATLAB 文本编辑器, 有两种方法:

① 命令按钮操作. 从 MATLAB 主窗口的 "Home" 或 "Editor" 工具栏中选择 "New" 命令按钮下的 "Script", 屏幕上将出现 MATLAB 文本编辑窗口, 如图 2-4 所示. 利用它可以完成基本的文本编辑操作, 可以在 "Editor" 工具栏下对 M 文件进行调试.

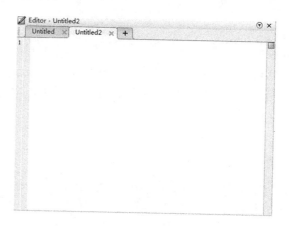

图 2-4　MATLAB 文本编辑器窗口

启动 MATLAB 文本编辑器后, 在文档窗口中输入 M 文件的内容, 输入完毕后, 选择 "Editor" 工具栏下的 "Save" 或 "Save As" 命令保存. 注意, M 文件存放的位置一般是 MATLAB 默认的工作目录 work, 当然也可以是别的目录. 如果是别的目录, 则应该将该目录设定为当前目录或将其加到搜索路径中.

② 命令操作. 在 MATLAB 命令窗口输入命令 "edit", 启动 MATLAB 文本编辑器后, 输入文件的内容并保存.

2. 打开已有的 M 文件

打开已有的 M 文件, 也用两种方法:

① 命令按钮操作. 单击 MATLAB 主窗口工具栏上的 "Open File" 命令按钮, 再从弹出的对话框中选择所需打开的 M 文件.

② 命令操作. 在 MATLAB 命令窗口输入命令: edit 文件名, 则打开指定的 M 文件. 在文档窗口可以对打开的 M 文件进行编辑修改, 编辑完成后, 将 M 文件存盘.

2.4.2　函数文件

函数文件是另一种形式的 M 文件, 每一个函数文件都定义一个函数. 事实上，MATLAB 提供的标准函数大部分都是由函数文件定义的.

一、函数文件的基本结构

函数文件由 function 语句引导，其基本结构为：

function 输出形参表 = 函数名(输入形参表)

注释说明部分

函数体语句

其中以 function 开头的一行为引导行，表示该 M 文件是一个函数文件. 函数名的命令规则与变量名相同. 输入形参为函数的输入参数，输出形参为函数的输出参数. 当输出形参多于一个时，则应该用方括号括起来.

说明：

(1) 关于函数文件名

函数文件名通常由函数名再加上扩展名 .m 组成，不过函数文件名与函数名也可以不相同. 当两者不同时，MATLAB 将忽略函数名而确认函数文件名，因此调用时使用函数文件名. 不过，把函数名和文件统一起来，以免出错.

(2) 关于注释说明部分

注释说明包括三部分内容：

① 紧随函数文件引导行之后以 % 开头的第一注释行. 这一行一般包括大写的函数文件名和函数功能简要描述，供 lookfor 关键词查询和 help 在线帮助时使用.

② 第一注释行及之后连续的注释行. 通常包括函数输入/输出参数的含义及调用格式说明等信息，构成全部在线帮助文本.

③ 关于 return 语句.

如果在函数文件中插入了 return 语句，则执行到该语句就结束函数的执行，程序流程转至调用该函数的位置. 通常，在函数文件中也可不使用 return 语句，这时在被调用函数执行完成后自动返回.

例 2.4　编写函数文件，求半径为 r 的圆的面积和周长.

解：函数文件如下：

```
function [s,p] = fcircle(r)
% FCIRCLE calculate the area and perimeter of a circle of radii
% r
% r        圆半径
% s        圆面积
% p        圆周长
```

```
s = pi * r * r;
p = 2 * pi * r;
```

将以上函数文件以文件名 fcircle.m 保存,然后在 MATLAB 命令窗口调用该函数:

```
[s,p] = fcircle(10)
```

输出结果是:

```
s =
   314.1593
p =
   62.8319
```

采用 help 命令或 lookfor 命令可以显示出注释说明部分的内容,其功能和一般 MATLAB 函数的帮助信息是一致的.

利用 help 命令可查询 fcircle 函数的注释说明:

```
help fcircle
```

屏幕显示:

```
FCIRCLE calculate the area and perimeter of a circle of
radii r
    r       圆半径
    s       圆面积
    p       圆周长
```

再用 lookfor 命令在第一注释行查询指定的关键词:

```
lookfor perimeter
```

屏幕显示:

```
fcircle.m: %  FCIRCLE calculate the area and perimeter
of a circle of radius r
```

二、函数调用

函数文件编制好后,就可调用函数进行计算了. 如上面定义 fcircle 函数后,调用它求半径为 10 的圆的面积和周长. 函数调用的一般格式是:

[输出实参表] = 函数名(输入实参表)

要注意的是，函数调用时，各实参出现的顺序、个数应与函数定义时形参的顺序、个数一致，否则会出错．函数调用时，先将实参传递给相应的形参，从而实现参数传递，然后再执行函数的功能．

2.5 程序结构

程序的控制结构有3种：顺序结构、选择结构和循环结构．任何复杂的程序都可以由这3种基本结构构成．

一、顺序结构

顺序结构是指按照程序中语句的排列顺序依次执行，直到程序最后一个语句．这是最简单的一种程序结构．一般涉及数据的输入、数据的计算或处理、数据的输出等内容．

1. 数据输入

从键盘输入数据，则可以使用input函数来进行，格式为：

A = input(提示信息,选项)

其中，提示信息为一个字符串，用于提示用户输入什么样的数据．例如，从键盘输入 A 矩阵，可以采用下面的命令来完成：

A = input('输入A矩阵')

执行该语句时，首先在屏幕上显示提示信息"输入A矩阵："，然后等待用户从键盘按MATLAB规定的格式输入 A 矩阵的值．

如果在input函数调用时采用's'选项，则允许用户输入一个字符串．例如，想输入一个人的姓名，可采用命令：

xm = input('What''s your name?','s');

2. 数据的输出

MATLAB提供的命令窗口输出函数主要有disp函数，其调用格式为：

disp(输出项)

其中，输出项既可以为字符串，也可以为矩阵．例如：

A ='Hello,Tom';
disp(A)

输出为：

Hello,Tom

又如：

```
A = [1,2,3;4,5,6;7,8,9];
disp(A)
```

输出为:

```
1    2    3
4    5    6
7    8    9
```

注意：和前面介绍的矩阵显示方式不同，用 disp 函数显示矩阵时，将不显示矩阵的名字，并且输出格式更紧凑，不留任何没有意义的空行．

3. 程序的暂停

当程序运行时，为了查看程序的中间结果或者观看输出的图形，有时需要暂停程序的执行．这时可以使用 pause 函数，其调用格式为：

pause(延迟秒数)

如果省略延迟时间，直接使用 pause，则将暂停程序，直到用户按任一键后程序继续执行．若要强行中止程序的运行，可按 Ctrl + C 组合键．

二、选择结构

选择结构是根据给定的条件成立或不成立，分别执行不同的语句．MATLAB 用于实现选择结构的语句有 if 语句、switch 语句和 try 语句．

1. if 语句

在 MATLAB 中，if 语句有 3 种格式：

（1）单分支 if 语句

语句格式：

if 条件

语句组

end

当条件成立时，则执行语句组，执行完之后继续执行 if 语句的后继语句，若条件不成立，则直接执行 if 语句的后继语句．例如，当 x 是整数矩阵时，输出 x 的值，语句如下：

```
if fix(x) == x
    disp(x);
end
```

(2) 双分支 if 语句
语句格式：
if 条件
语句组 1
else
语句组 2
end
当条件成立时，执行语句组 1，否则执行语句组 2，语句组 1 或语句组 2 执行后，再执行 if 语句的后继语句．

(3) 多分支 if 语句
语句格式：
if 条件 1
语句组 1
elseif 条件 2
语句组 2
…
elseif 条件 m
语句组 m
else
语句组 n
end

2. switch 语句

switch 语句根据表达式的取值不同，分别执行不同的语句，其语句格式为：
switch　表达式
　　case　表达式 1
　　　　语句组 1
　　case　表达式 2
　　　　语句组 2
　　　　…
　　case　表达式 m
　　　　语句组 m
　　otherwise
　　　　语句组 n
　　end

当表达式的值等于表达式 1 的值时，执行语句组 1，当表达式的值等于表达式 2 的值时，执行语句组 2，…，当表达式的值等于表达式 m 的值时，执行语句组 m，当表达式的值不等于 case 所列的表达式的值时，执行语句组 n. 当任意一个分支的语句执行完后，直接执行 switch 语句的下一个语句.

switch 子句后面的表达式应为一个标量或一个字符串，case 子句后面的表达式不仅可以为一个标量或一个字符串，还可以为一个单元矩阵. 如果 case 子句后面的表达式为一个单元矩阵，则表达式的值等于该单元矩阵中的某个元素时，执行相应的语句组.

3. try 语句

try 语句是一种试探性执行语句，其语句格式为：

try

语句组 1

catch

语句组 2

end

try 语句先试探性执行语句组 1，如果语句组 1 在执行过程中出现错误，则将错误信息赋给保留的 lasterr 变量，并转去执行语句组 2.

三、循环结构

循环是指按照给定的条件，重复执行指定的语句，这是十分重要的一种程序结构. MATLAB 提供了两种实现循环结构的语句：for 语句和 while 语句.

1. for 语句

for 语句的格式为：

for 循环变量 = 表达式 1:表达式 2:表达式 3

循环体语句

end

其中表达式 1 的值为循环变量的初值，表达式 2 的值为步长，表达式 3 的值为循环变量的终值. 步长为 1 时，表达式 2 可以省略.

执行 for 语句时，首先计算 3 个表达式的值，再将表达式 1 的值赋给循环变量，如果此时循环变量的值介于表达式 1 和表达式 3 的值之间，则执行循环体语句，否则结束循环的执行. 执行完一次循环之后，循环变量自增一个表达式 2 的值，然后再判断循环变量的值是否介于表达式 1 和表达式 3 之间，如果是，仍然执行循环体，直至条件不满足. 这时将结束 for 语句的执行，而继续执行 for 语句后面的语句.

2. while 语句

while 语句的一般格式为：

while 条件

循环体语句

end

其执行过程为：若条件成立，则执行循环体语句，执行后再判断条件是否成立，如果不成立，则跳出循环．

3. break 语句和 continue 语句

与循环结构相关的语句还有 break 语句和 continue 语句．它们一般与 if 语句配合使用．

break 语句用于终止循环的执行．当在循环体内执行到该语句时，程序将跳出循环，继续执行循环语句的下一语句．

continue 语句控制跳过循环体中的某些语句．当在循环体内执行到该语句时，程序将跳过循环体中所有剩下的语句，继续下一次循环．

第 2 章练习题

1. 先建立自己的工作目录，再将自己的工作目录设置到 MATLAB 搜索路径下．用 help 命令能查询到自己的工作目录吗？

2. 李明同学设计了一个程序文件 myprogram.m，并将其保存到 f:\ppp 中，但在命令窗口中输入文件名

```
myprogram
```

后，MATLAB 系统提示：

```
??? Undefined function or variable 'myprogram'.
```

试分析产生错误的原因并给出解决办法．

3. 利用 MATLAB 的帮助功能分别查询 inv、plot、max、round 等函数的功能及用法．

4. 建立矩阵 A，然后找出在 [10,20] 区间的元素的位置．

5. 设 A 和 B 是两个同维同大小的矩阵，问

(1) $A*B$ 和 $A.*B$ 的值是否相等？

(2) $A./B$ 和 $B.\backslash A$ 的值是否相等？

(3) A/B 和 $B.\backslash A$ 的值是否相等？

(4) A/B 和 $B.\backslash A$ 所代表的数学含义是什么？

6. 已知：
$$A = \begin{bmatrix} 23 & 10 & -0.778 & 0 \\ 41 & -45 & 65 & 5 \\ 32 & 5 & 0 & 32 \\ 6 & -9.54 & 54 & 3.14 \end{bmatrix}$$
取出 A 的前 3 行构成矩阵 B，前两列构成矩阵 C，右下角 3×2 子矩阵构成矩阵 D，B 与 C 的乘积构成矩阵 E。

7. 分别用 if 语句和 switch 语句实现以下计算，其中 a、b、c 的值从键盘输入。
$$y = \begin{cases} ax^2 + bx + c, & 0.5 \leq x < 1.5 \\ a\sin^2 b + x, & 0.5 \leq x < 3.5 \\ \ln\left|b + \dfrac{c}{x}\right|, & 3.5 \leq x < 5.5 \end{cases}$$

8. 输入 20 个两位随机整数，输出其中小于平均值的偶数。

9. 输入 20 个数，求其中最大数和最小数。要求分别用循环结构和调用 MATLAB 的 max 函数、min 函数来实现。

10. 已知：
$$s = 1 + 2 + 2^2 + 2^3 + \cdots + 2^{63}$$
分别用循环结构和调用 MATLAB 的 sum 函数求 s 的值。

11. 编写一个函数文件，求小于任意自然数 n 的 Fibnacci 数列各项。Fibnacci 数列定义如下：
$$\begin{cases} f_1 = 1, & n = 1 \\ f_2 = 1, & n = 2 \\ f_n = f_{n-1} + f_{n-2}, & n > 2 \end{cases}$$

12. 写出下列程序的输出结果。

```
s = 0;
a = [12,13,14;15,16,17;18,19,20;21,22,23];
for k = a
   for j = 1:4
      if rem(k(j),2) ~= 0
         s = s + k(j);
      end
   end
end
s
```

第3章 数据可视化与 MATLAB 绘图

MATLAB 有着强大的绘图功能. 通过使用一系列的绘图函数, 读者不需要过多地考虑绘图细节, 给出一些参数就可以得到所需的图形. 本章主要介绍二维和三维图形的一些常用绘图函数的用法.

3.1 基本二维图形

在 MATLAB 中, 二维图形是将平面坐标上的数据点连接起来的平面图形. 本节主要介绍几个常用的二维图形函数.

3.1.1 plot 函数

plot 函数是一个功能很强的函数, 既可以绘制单根二维折线图, 也可以绘制多根折线图, 还可以绘制散点图形. plot 函数的调用格式有如下几种形式:

① plot(x)

② plot(x,y)

③ plot(x1,y1,LineSpec,x2,y2,LineSpec,⋯)

这里 x、y 可以是向量, 也可以是矩阵; x_1 和 y_1、x_2 和 y_2, ⋯也都是相匹配的向量对或矩阵对; LineSpec 是选项, 指定曲线的线型、颜色和数据点标记, 用单撇括起来. 需要注意的是, 在①中, x 是实向量时, 是以该向量元素的下标为横坐标, 元素值为纵坐标绘制曲线, x 还可以是复数向量, 这时分别以该向量的实部和虚部为横、纵坐标绘制出一条曲线; 在②中, 如果 x、y 是矩阵, 必须是同维矩阵, 它们可以同时绘出多根曲线, 以 x 与 y 各列元素为横、纵坐标, 对应每列元素构成曲线, 曲线条数等于矩阵列数.

例 3.1 在 $-\pi \leqslant x \leqslant \pi$ 区间内, 绘制 $y = \sin x$.

解: 程序如下:

```
x = -pi:0.1:pi;
y = sin(x);
plot(x,y)
```

程序执行后,打开一个图形窗口,如图 3-1 所示,窗口中绘制出所需图形.

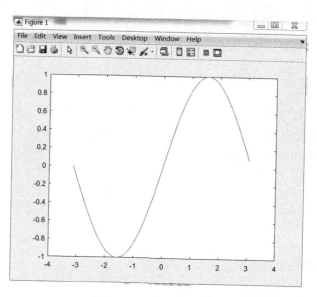

图 3-1　正弦函数曲线

需要注意的是,如果选择的点较稀疏,就会出现如图 3-2 所示的图形.程序如下:

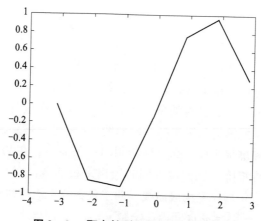

图 3-2　取点较稀疏的正弦函数曲线

```
x = -pi:pi;
y = sin(x);
plot(x,y)
```

例 3.2 在同一个图形内,绘制 [0,2π] 内正弦和余弦函数曲线.

解:程序如下:

```
x = linspace(0,2*pi,100);
y = [sin(x);cos(x)];
plot(x,y)
```

运行结果如图 3-3 所示.

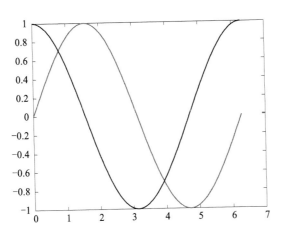

图 3-3 正弦和余弦函数曲线

例 3.2 的程序或者写为:

```
x = linspace(0,2*pi,100);
y1 = sin(x);
y2 = cos(x);
plot(x,y1,x,y2)
```

可以得到与图 3-3 完全相同的结果.

例 3.3 利用复数形式绘制单位圆.

解:程序如下:

```
t = 0:0.01:2*pi;
x = exp(i*t);     % x 是一个复数向量
plot(x);axis equal
```

运行结果如图 3-4 所示.

需要注意的是,MATLAB 绘图时,可以自动根据所绘制曲线数据的范围选择合适的坐标刻度,使曲线能够尽可能清晰地显示出来,因此横、纵坐标

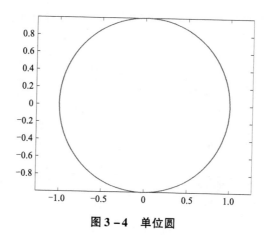

图 3-4　单位圆

的单位长的选择往往是不同的，如果不注意这一点，就会画出椭圆的形状．如画 3 个同心圆，程序如下：

```
t = 0:0.01:2*pi;
x = exp(i*t);
y = [x;2*x;3*x]';
plot(y);
```

运行结果如图 3-5 所示．

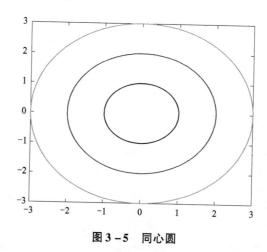

图 3-5　同心圆

例 3.4　在同一个图形内，绘制 3 条曲线，分别依次用虚线、点画线和实线表示，颜色分别依次为黑色、蓝色和红色．

① $y = \sin x$，$-\pi \leqslant x \leqslant \pi$；

② $y = 2e^{-x}\sin x$，$-\pi \leqslant x \leqslant 2\pi$；

③ $\begin{cases} x = t\cos(3t) \\ y = t\sin^2 t \end{cases}$, $-\pi \leq t \leq \pi$.

解：程序如下：

```
x1 = linspace( -pi,pi,100);
y1 = sin(x1);
x2 = linspace( -pi,2*pi,200);
y2 = 2*exp( -x2).*sin(x2);
t = -pi:pi/100:pi;
x3 = t.*cos(3*t);
y3 = t.*sin(t).*sin(t);
plot(x1,y1,'k:',x2,y2,'b -.',x3,y3,'r -');
```

运行结果如图3-6所示.

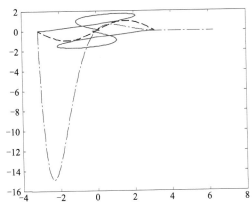

图3-6 虚线表示式①，点画线表示式②，实线表示式③

例3.5 2011年1月至12月我国农产品价格指数分别为

118.2 119.5 120.2 116.8 115.2 117.8 116.8 113.5 114.5 111.0 104.3 104.7

画出各月的折线图，并在各月数据点处作星号标记.

解：程序如下：

```
x =[118.2,119.5,120.2,116.8,115.2,117.8,116.8,113.5,
114.5,111.0,104.3,104.7];
plot(x,'-*')
```

运行结果如图3-7所示.

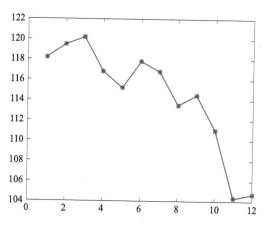

图 3-7 我国 2011 年 12 个月的农产品价格指数

注意到例 3.4 和例 3.5 中 plot 函数都出现了绘图选项.

MATLAB 提供的一些绘图选项,用来确定曲线的线型、颜色和数据点的标记符号,见表 3-1.

表 3-1 线型、颜色和数据点的标记符号

线型		颜色		标记符号			
—	实线	b	蓝色	.	点	s	方块符
:	虚线	g	绿色	○	圈	d	菱形符
-.	点画线	r	红色	×	叉号	V	朝下三角符号
--	双画线	c	青色	+	加号	∧	朝上三角符号
		m	品红色	*	星号	<	朝左三角符号
		y	黄色			>	朝右三角符号
		k	黑色			p	五角星符
		w	白色			h	六角星符

表 3-1 中的各种选项可以单独使用,也可以组合使用. 例如,"b-."表示蓝色点画线,"k:p"表示黑色虚线并用五角星符标记数据点. 当选项省略时,MATLAB 规定线型一律用实线,颜色按照表 3-1 中给出的前 7 种颜色的先后顺序出现.

3.1.2 plotyy 函数、fplot 函数和 ezplot 函数

plotyy 函数是用来绘制在同一个坐标中带有双纵坐标标度的两个图形,这有利于对两个图形数据进行对比分析. 调用格式为:

```
plotyy(x1,y1,x2,y2)
```

其中，x_1 和 y_1 对应一条曲线，x_2 和 y_2 对应另一条曲线．两个曲线横坐标的标度相同，纵坐标有两个，左纵坐标对应于 x_1 和 y_1，右纵坐标用于 x_2 和 y_2．

例 3.6 用不同标度在同一坐标内绘制曲线 $y = e^{-0.5x}\sin(2\pi x)$ 和 $y = 1.5e^{-0.1x}\sin x$．

解：程序如下：

```
x1 = 0:pi/100:2*pi;
x2 = 0:pi/100:3*pi;
y1 = exp(-0.5*x1).*sin(2*pi*x1);
y2 = 1.5*exp(-0.1*x2).*sin(x2);
plotyy(x1,y1,x2,y2)
```

程序运行结果如图 3-8 所示．

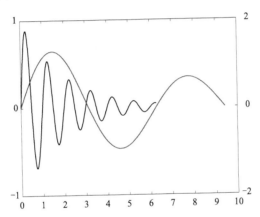

图 3-8 用双纵坐标函数 plotyy 绘制的曲线

fplot 函数是自适应采样绘图函数．前面讲的绘图函数在绘制曲线图时，取数据点一般采用等间隔采样，这对振荡较为强烈的函数就不适应了，即使数据点足够稠密．fplot 函数有自适应采样的功能，在变化率大的区域密集采样，能更好地反映函数的变化规律．该函数的调用格式为：

```
fplot(filename,lims,tol,LineSpec)
```

其中，filename 是函数名，以字符串形式出现，或是函数文件名，自变量为 x，如' sin(x)','[sin(x),cos(x)]'；lims 是 x 和 y 的取值范围，行向量形式；[xmin,xmax] 表示 x 的取值范围；[xmin,xmax,ymin,ymax] 表示 x 和 y 的取值范围；tol 表示相对允许误差，系统默认值为 2×10^{-3}；LineSpec 选项与 plot 函数相同．

例 3.7 用 fplot 函数绘制曲线 $y = \sin\dfrac{1}{x}$.

解：程序如下：

```
fplot('sin(1/x)',[-0.5,0.5],1e-4)
```

也可以先建立函数文件 myf.m：

```
function y = myf(x)
y = sin(1/x);
```

再使用 fplot 函数绘制函数文件 myf.m 所定义的曲线：

```
fplot('myf',[-0.5,0.5],1e-4)
```

运行程序，可得图 3-9 所示的结果.

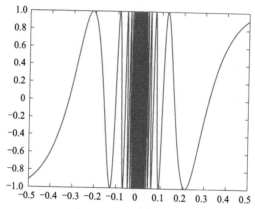

图 3-9 用自适应采样函数 **fplot** 绘图

例 3.8 用 fplot 函数在 $[-20,20]$ 内绘制两条曲线 $y = \dfrac{400\sin x}{x}$ 和 $y = x^2$.

解：先建立函数文件 graph1.m：

```
function y = myfun(x)
y(:,1) = 400*sin(x(:))./x(:);
y(:,2) = x(:).^2;
```

再使用 fplot 函数绘制函数文件 graph1.m 所定义的曲线：

```
fplot('graph1',[-20,20])
```

得到如图 3-10 所示图形.

也可以直接使用 fplot 函数：

```
fplot('[400*sin(x)./x,x.^2]',[-20,20])
```
也能得到图 3-10 所示的结果.

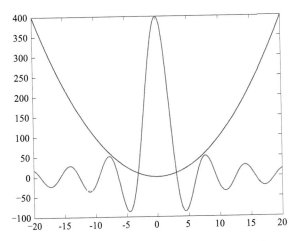

图 3-10 用自适应采样函数 fplot 绘制两条曲线图

前面两个函数都必须是显函数的形式才可以使用. 如果函数用隐函数的形式, 可以使用 ezplot 函数. 下面给出 ezplot 函数的几种用法.

① 如果是显函数 $y=f(x)$, 调用格式为:
```
ezplot(fun)
```
或
```
ezplot(fun,[min,max])
```
其中, fun 是函数表达式; [min, max] 是自变量的取值范围, 缺省时为 $(-2\pi, 2\pi)$.

② 如果是隐函数 $f(x,y)=0$, 调用格式为:
```
ezplot(fun2)
```
或
```
ezplot(fun2,[xmin,xmax,ymin,ymax])
```
或
```
ezplot(fun2,[min,max])
```
其中, fun2 是 fun2(x,y)=0 等式左边表达式; [xmin, xmax, ymin, ymax] 是自变量 x 和 y 的取值范围, [min, max] 是两个自变量相同的取值范围, 缺省时两个都为 $(-2\pi, 2\pi)$.

③ 如果是参数方程 $x=x(t)$ 和 $y=y(t)$, 调用格式为:
```
ezplot(funx,funy)
```

或

```
ezplot(funx,funy,[tmin,tmax])
```

其中，funx 和 funy 是两个参数表达式；[tmin, tmax] 是参变量 t 的取值范围，缺省时为 $(0, 2\pi)$.

注意，ezplot 函数是采用自适应采样绘图.

例 3.9　用 ezplot 函数绘制下列曲线：

① $y = x^{\frac{2}{3}}$；② $\dfrac{x^2}{16} + \dfrac{y^2}{9} = 1$.

解：程序如下：

```
subplot(2,1,1);
ezplot('(x^2)^(1/3)',[-5,5]);
subplot(2,1,2);
ezplot('x^2/16+y^2/9-1',[-4,4,-3,3]);
```

运行结果如图 3-11 所示.

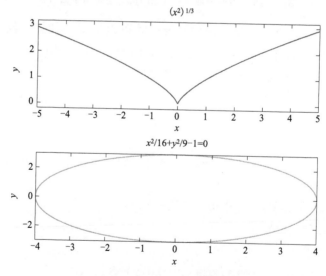

图 3-11　用 ezplot 函数绘制图形

3.2　图形辅助操作

图形辅助操作主要介绍图形保持、图形分割、图形标注和坐标控制. 图形保持和图形分割是图形的特殊画法，而图形标注和坐标控制是对图形的辅助操作，使图形的意义更加明确，可读性更强.

3.2.1 图形保持

在使用绘图函数时,一般情况下,每运行一次绘图命令,就会刷新一次当前图形窗口,图形窗口中原有的图形将不存在. 图形保持命令 hold 有两种状态:hold on 和 hold off,用来控制是保持原有图形还是刷新原有图形. 若希望在已经存在的图形上再画新的图形,就用 hold on,关闭时用 hold off.

例 3.10 用图形保持功能在同一坐标系下区间 [-20,20] 内绘制两条曲线:$y = \dfrac{400\sin x}{x}$ 和 $y = x^2$,其中第二条曲线用散点表示.

解:程序如下:

```
fplot('400*sin(x)./x',[-20,20]),
hold on
x1 = -20:20;
y1 = x1.^2;
plot(x1,y1,'*')
hold off
```

运行结果如图 3-12 所示.

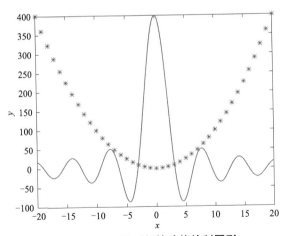

图 3-12 用图形保持功能绘制图形

3.2.2 图形分割

图形分割可以在一个图形窗口内绘制若干个独立的图形. 分割后的图形窗口由若干个绘图区组成,每个绘图区可以建立独立的坐标系绘制图形,称为子图. MATLAB 中提供 subplot 函数来分割图形窗口. 调用格式为:

```
subplot(m,n,p)
```
其中，m 和 n 表示将当前图形窗口分割成 $m \times n$ 个绘图区，即 m 行，每行 n 个绘图区；p 是区号，按行优先排号，可以取 $1 \sim mn$. 当选定 p 时，第 p 个区为当前活动区．在每个绘图区可以以不同的坐标单独绘制图形．

例 3.11 在一个图形窗口中同时绘制正弦、余弦、正切和余切曲线．

解：程序如下：

```
x = 0:0.1:2*pi;
y1 = sin(x);
y2 = cos(x);
y3 = sin(x)./(cos(x)+eps);
y4 = cos(x)./(sin(x)+eps);
subplot(2,2,1);
plot(x,y1);
title('sin(x)');axis([0,2*pi,-1,1]);
subplot(2,2,2);
plot(x,y2);
title('cos(x)');axis([0,2*pi,-1,1]);
subplot(2,2,3);
plot(x,y3);
title('tan(x)');axis([0,2*pi,-40,40]);
subplot(2,2,4);
plot(x,y4);
title('cot(x)');axis([0,2*pi,-40,40]);
```

程序运行结果如图 3 – 13 所示．这里程序的第 4 行和第 5 行出现了 eps，它是 $2^{\wedge}(-52)$，近似为 2.2×10^{-16}. 这种特殊的表达式在避免被 0 除时是很有用的．

如果绘制正切和余切函数图像时，采用 fplot 函数，图像会得到改进．程序如下：

```
x = 0:0.1:2*pi;
y1 = sin(x);
y2 = cos(x);
subplot(2,2,1);
plot(x,y1);
title('sin(x)');axis([0,2*pi,-1,1]);
```

```
subplot(2,2,2);
plot(x,y2);
title('cos(x)');axis([0,2*pi,-1,1]);
subplot(2,2,3);
fplot('sin(x)./cos(x)',[0,2*pi,-40,40]);
title('tan(x)');
subplot(2,2,4);
fplot('cos(x)./sin(x)',[0,2*pi,-40,40]);
title('cot(x)');
```

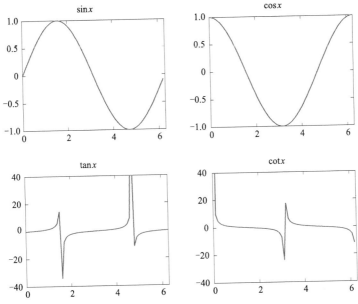

图 3-13 用 subplot 函数绘制正弦、余弦、正切和余切曲线

3.2.3 图形标注

绘制图形时，可以对图形加上一些说明，如图形名称、坐标轴说明及在图形的某一坐标点对图形曲线进行说明等，称为图形标注．MATLAB 中常用的图形标注函数及具体调用格式为：

```
title('string')
xlabel('string')
ylabel('string')
text(x,y,'string')
```

```
legend('string1','string2',…)
```

其中,title 和 xlabel、ylabel 函数分别说明图形和坐标轴的名称;text 函数在坐标 (x,y) 处添加图形说明;legend 函数用于将绘制曲线所用线型、颜色或数据点标记图例放在图形空白处.

需要注意的是,图形标注也可以在图形窗口中进行添加和修改.

以上各函数中的说明文字,除使用标准的 ASCII 字符外,还可以使用 LaTex (目前流行的数学排版软件) 格式的控制字符,这样可以添加希腊字母、数学符号和公式.

例如,text(2,3.5,'sin({\omega}t + {\alpha})') 就会在图形坐标 (2,3.5) 处标注 $\sin(\omega t + \alpha)$. 还可以用 LaTex 中\bf、\it、\rm 控制字符分别定义黑体、斜体和正体. 例如 title('{\bf MATLAB}') 就会在图形上部中间出现 MATALB 黑体显示. LaTex 格式要用花括号 {} 括起来. 表 3-2 给出了 LaTex 中部分常用字符.

表 3-2 常用 LaTex 字符

标识符	符号	标识符	符号	标识符	符号
\alpha	α	\epsilon	ε	\infty	∞
\beta	β	\eta	η	\int	∫
\gamma	γ	\Gamma	Γ	\partial	∂
\delta	δ	\Delta	Δ	\leftarrow	←
\theta	θ	\Theta	Θ	\uparrow	↑
\lambda	λ	\Lambda	Λ	\rightarrow	→
\xi	ζ	\Xi	Ξ	\downarrow	↓
\pi	π	\Pi	Π	\div	÷
\omega	ω	\Omega	Ω	\times	×
\sigma	σ	\Sigma	Σ	\pm	±
\phi	φ	\Phi	Φ	\leq	≤
\psi	ψ	\Psi	Ψ	\geq	≥
\rho	ρ	\tau	τ	\neq	≠
\mu	μ	\zeta	ζ	\forall	∀
\nu	υ	\chi	χ	\exists	∃

除了在说明中添加字符外,还可以通过 LaTex 命令来定义上标和下标,这样可以使图形标注更加丰富多彩. 如 e^{2x} 对应 e^{2x},X_{12} 对应 X_{12}.

3.2.4 坐标控制

绘制图形时,由于 MATLAB 自动选择坐标刻度,一般情况下用户不必选择坐标轴的刻度范围. 但是如果用户对坐标系不满意,还可以利用 axis 函数进行重新设定,调用格式为:

第 3 章 数据可视化与 MATLAB 绘图

axis([xmin xmax ymin ymax])

这里需要注意的是 xmin、xmax、ymin 和 ymax 之间是用空格分隔的. 这个函数如果增加 z 轴的取值范围，同样可以用于三维坐标系.

axis 函数的功能十分丰富，常用的格式还有：

```
axis equal       % 横坐标和纵坐标采用等长刻度
axis square      % 采用正方形坐标系（默认是矩形）
axis auto        % 使用默认设置
axis off         % 取消坐标轴
axis on          % 显示坐标轴
```

需要给坐标加网格线时，用 grid on 命令；去掉网格线时，用 grid off（默认形式）命令. 给坐标加边框用 box on（默认形式），不加边框用 box off 命令.

例 3.12 绘制分段函数曲线

$$y = \begin{cases} -\sqrt{2x+x^2}, & -2 \leq x \leq 0 \\ x^2, & 0 < x \leq 2 \\ 4, & x > 2 \end{cases}$$

要求打网格，不加边框，并添加图形标注.

解：程序如下：

```
% 绘制分段函数曲线
x = linspace(-2,6,100);
y = [];
for s = x
    if s <= 0
        y = [y, -sqrt(-2*s-s*s)];
    elseif s <= 2
        y = [y, s*s];
    else
        y = [y, 4];
    end
end
plot(x,y);
grid on;                              % 打网格
box off;                              % 不加边框
axis([-2.2,6.2,-2.2,4.2]);            % 设置坐标轴
axis equal;                           % 横、纵坐标采用等刻度长
```

```
title('分段函数曲线');                    % 加标题
xlabel('x');ylabel('y');                  % 加x轴和y轴说明
text(-1.6,-1.1,'y = -sqrt(2x - x^2)');
                                          % 在指定位置添加图形说明,下同
text(1.5,1.6,'y = x^2');
text(3.5,3.8,'y = 4');
```

程序运行结果如图 3 – 14 所示.

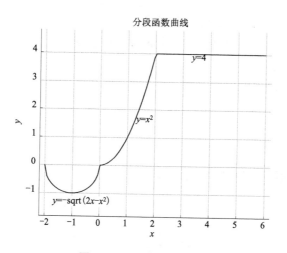

图 3 – 14　分段函数曲线

3.3　特殊的二维图形

特殊的二维图形是为实现一定功能设计的. 这里主要介绍直角坐标系下的几个特殊图形: 极坐标图、饼图及复数相量图.

3.3.1　直角坐标系下的几个特殊图形

在直角坐标系中, 其他形式的图形常用的还有条形图 bar、阶梯形图 stairs、杆图 stem、填充图 fill、散点图 scatter、直方图 hist 和等高线图 contour. 调用格式分别如下:

```
bar(x,y,'style')
stairs(x,y,LineSpec)
stem(x,y,LineSpec)
fill(x,y,ColorSpec)
```

```
scatter(x,y,'filled')
hist(y)或hist(y,x)
contour(x,y,LineSpec)
```

这里 hist(y,x) 中 *x* 是向量，给出在 *x* 的长度分割下的 *y* 的分布，缺省时分割成 10 份等长间隔．

例 3.13 分别以条形图、阶梯形图，杆图和填充图绘制 $[0,2\pi]$ 内正弦曲线 $y = \sin x$，以子图的形式在同一个图形中给出．

解：程序如下：

```
x = linspace(0,2*pi,20);
y = sin(x);
subplot(2,2,1),bar(x,y,'g');
title('条形图');axis([0,6.5,-1,1]);
subplot(2,2,2),stairs(x,y,'b');
title('阶梯形图');axis([0,6.5,-1,1]);
subplot(2,2,3),stem(x,y,'k');
title('杆图');axis([0,6.5,-1,1]);
subplot(2,2,4),fill(x,y,'y');
title('填充图');axis([0,6.5,-1,1]);
```

程序运行结果如图 3-15 所示．

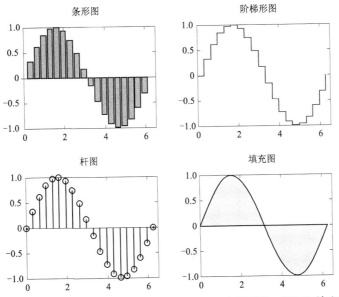

图 3-15　$[0, 2\pi]$ 内正弦曲线的条形图、阶梯形图、杆图和填充图

注意,在绘制这类图形时,自变量 x 的值不能取得太稠密.

例 3.14　① 在单位长正方形内产生 500 个随机数,并绘制出其散点图;

② 产生 10 000 个标准正态随机数,并绘制出其直方图.

解:程序如下:

```
x1 = rand(200,1);
y1 = rand(200,1);
subplot(2,1,1);
scatter(x1,y1,'r');
axis equal;
title('500 个单位正方形中随机数的散点图')
x2 = -3:0.2:3;
y2 = randn(10000,1);
subplot(2,1,2);
hist(y2,x2);
title('10000 个标准正态随机数的直方图')
```

程序运行结果如图 3-16 所示.

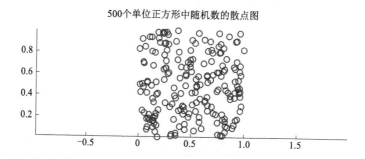

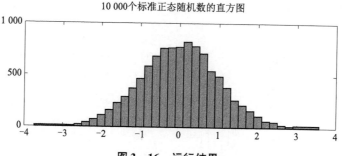

图 3-16　运行结果

等高线图在绘制三维图形时用得较多,这里就不举例了.

3.3.2 极坐标图

polar 函数用来绘制极坐标图. 调用格式为:

polar(theta,rho,LineSpec)

其中,theta 是极坐标中的极角;rho 是极坐标中的矢径;LineSpec 是选项,与前面的用法相似.

例 3.15 绘制的 $\rho = \sin(2\theta)\cos(2\theta)$ 极坐标图.

解:程序如下:

```
t = 0:0.01:2 * pi;
polar(t,sin(2 * t). * cos(2 * t),'- -r')
```

程序运行结果如图 3-17 所示.

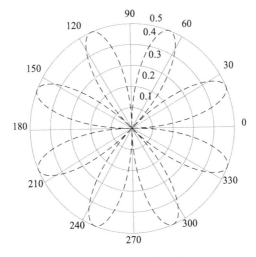

图 3-17 极坐标图

3.3.3 饼图和复数相量图

pie 函数和 compass 函数分别绘制饼图和复数相量图. pie(x) 绘制 x 中各元素的饼图,并给出各比例大小. compass(x,y)或 compass(z) 显示具有 n 个箭头的图像,每个箭头起点为原点,终点坐标由 (x(i),y(i))或 z(i) 的实部和虚部给定,n 为 x 或 y 或 z 的个数. 详细的用法,读者可以查阅 MATLAB 中的帮助文件.

例 3.16 将以下两个图像绘制在同一个图形窗口中,并用子图进行分割.

① 某班共 35 人，优秀、良好、中等、及格和不及格的人数分别为 2 人、10 人、12 人、7 人和 4 人，试用饼图进行成绩统计分析.

② 绘制复数相量图：$2,3+5i,-5,7-i,4+2i,-6i$.

解：程序如下：

```
subplot(1,2,1);
pie([2,10,12,7,4]);
title('饼图');
legend('优秀','良好','中等','及格','不及格');
subplot(1,2,2);
compass([2,3+5i,-5,7-i,4+2i,-6i]);
title('相量图');
```

程序运行结果如图 3 - 18 所示.

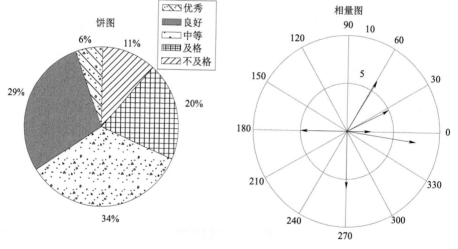

图 3 - 18　饼图和相量图

3.4　三维图形

3.4.1　三维曲线图

plot3 函数用来绘制三维曲线图形，它是将二维绘图函数 plot 的有关功能扩展到三维空间. plot3 函数与 plot 函数的用法十分相似，最一般的调用格式为：

```
plot3(x1,y1,z1,LineSpec,x2,y2,z2,LineSpec,...)
```
其中，x_1、y_1 和 z_1，x_2、y_2 和 z_2，…与二维情形一样，都是相匹配的向量对或矩阵对，当它们是同维向量时，对应一条三维曲线，当它们是同维矩阵时，对应列元素构成曲线，曲线条数等于矩阵列数．LineSpec 是选项，指定曲线的线型、颜色和数据点标记，用单撇括起来．

例 3.17 绘制三维螺旋线

$$\begin{cases} x = \sin t \\ y = \cos t \\ z = t \end{cases}$$

解：程序如下：

```
t = 0:pi/50:10*pi;
plot3(sin(t),cos(t),t)
grid on
axis square
```

程序运行结果如图 3-19 所示．

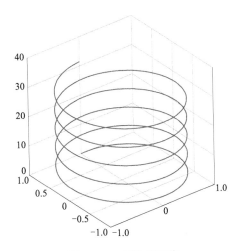

图 3-19 三维螺旋线

3.4.2 三维曲面图

函数 mesh 和 surf 用来绘制三维曲面图．三维曲面方程应有 x、y 两个自变量，在绘制曲面图形时，应先在 $x-y$ 平面上建立网格坐标，每个网格坐标点上的数据 z 坐标就定义了曲面上的点．通过直线（mesh）或小平面（surf）连接相邻的点就构成了三维曲面．

建立网格坐标可以利用 meshgrid 函数生成，具体用法如下：
```
x = a:dx:b;
y = c:dy:d;
[X,Y] = meshgrid(x,y);
```
矩阵 X 的每一行都是向量 x，行数等于向量 y 元素的个数；矩阵 Y 的每一列都是向量 y，列数等于向量 x 的元素的个数．这样 X 和 Y 相同位置上的元素构成网格点的坐标．

为了清楚地知道网格点的个数，也会用如下形式：
```
x = linspace(a,b,n);
y = linspace(c,d,m);
[X,Y] = meshgrid(x,y);
```
注意，当 $x = y$ 时，meshgrid 函数可写成 meshgrid(x)．

mesh 函数和 surf 函数的调用格式为

```
mesh(X,Y,Z)
surf(X,Y,Z)
```

其中，X、Y 是网格坐标矩阵；Z 是网格点上的高度矩阵．

例 3.18 绘制三维曲面 $z = \sin y \cos x$．

解：为了比较 mesh 函数、surf 函数和 plot3 函数的区别，下面给出 3 个不同的程序，绘制出不同形式的曲面．

程序 1：

```
x = 0:0.1:3*pi;
[x,y] = meshgrid(x);
z = sin(y).*cos(x);
mesh(x,y,z);
xlabel('x-轴');ylabel('y-轴');zlabel('z-轴');
title('用 mesh 函数绘制曲面 z = sinycosx')
```

程序 2：

```
x = 0:0.1:3*pi;
[x,y] = meshgrid(x);
z = sin(y).*cos(x);
surf(x,y,z);
xlabel('x-轴');ylabel('y-轴');zlabel('z-轴');
title('用 surf 函数绘制曲面 z = sinycosx')
```

程序3：

```
x = 0:0.1:3*pi;
[x,y] = meshgrid(x);
z = sin(y).*cos(x);
plot3(x,y,z);
xlabel('x-轴');ylabel('y-轴');zlabel('z-轴');
title('用plot3函数绘制曲面z = sinycosx')
```

程序执行结果分别如图3-20、图3-21和图3-22所示．

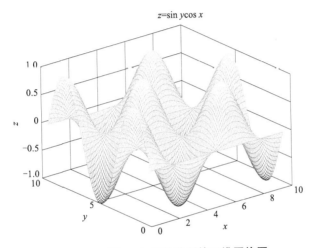

图3-20 用mesh函数绘制的三维网格图

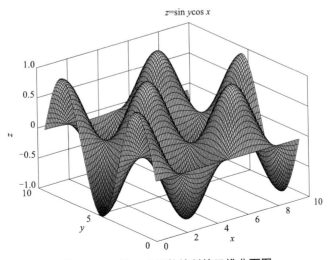

图3-21 用surf函数绘制的三维曲面图

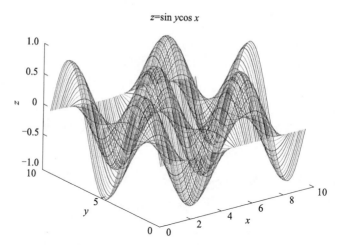

图 3-22 用 plot3 函数绘制的三维曲线图

另外，还有两个与 mesh 函数相似的函数：带有等高线的三维网格曲面函数 meshc 和带有底座的三维网格曲面函数 meshz。meshc 函数和 meshz 函数的用法与 mesh 函数的类似，不同的是，meshc 函数在 xy 平面上多一个曲面的等高线，meshz 函数在 xy 平面上多一个曲面的底座。

同样，有两个与 surf 函数相似的函数：带有等高线的 surfc 函数和具有光照效果的 surfl 函数，用法和 surf 相似。

例 3.19 在 xy 平面内选择区域 $[-8,8]\times[-8,8]$ 绘制带有等高线和底座的三维网格曲面，以及带有等高线和光照效果的三维曲面图，函数为 $z = \dfrac{\sin r}{r}$，这里 $r = \sqrt{x^2 + y^2}$。

解：程序如下：

```
[x,y] = meshgrid(-8:0.5:8);
r = sqrt(x.*x+y.*y);z = sin(r)./(r+eps);
subplot(2,2,1);
meshc(x,y,z);
title('用 meshc 函数绘制');
subplot(2,2,2);
meshz(x,y,z);
title('用 meshz 函数绘制');
subplot(2,2,3);
```

```
surfc(x,y,z);
title('用 surfc 函数绘制');
subplot(2,2,4);
surfl(x,y,z);
title('用 surfl 函数绘制');
```

程序运行结果如图 3-23 所示.

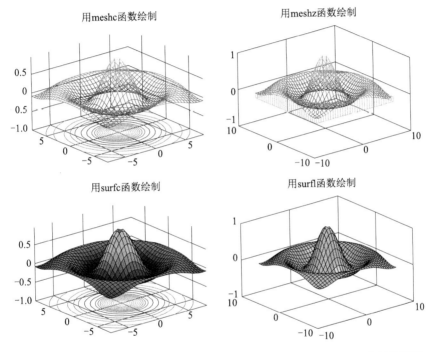

图 3-23 分别用 **meshc** 函数、**meshz** 函数、**surfc** 函数和 **surfl** 函数绘制的图形

MATLAB 还提供了一些特殊函数用来绘制标准的三维曲面. 如 sphere 函数用来绘制三维球面, cylinder 函数用来绘制柱面. peaks 函数是多峰函数, 常用于三维曲面的演示. 多峰函数的数学表达式是:

$$f(x,y) = 3(1-x^2)e^{-x^2-(y+1)^2} - 10\left(\frac{x}{5} - x^3 - y^5\right)e^{-x^2-y^2} - \frac{1}{3}e^{-(x+1)^2-y^2}$$

sphere 函数的调用格式是:

[x,y,z] = sphere(n)

其中, n 是网格数, 默认值是 20. 该函数产生 (n+1)×(n+1) 矩阵 **x**、**y**、**z**, 绘制原点为圆心、半径为 1 的单位球体.

cylinder 函数的调用格式是:

```
[x,y,z] = cylinder(R,n)
```
其中，R 是半径，表示柱面上的点到中心轴的距离；n 表示以 R 为半径的圆周上有 n 个间隔点，默认值是 20。如 cylinder(3) 生成一个半径为 3 的圆柱，cylinder([10,0]) 是圆锥，而当 R 是由某连续函数生成的数据时，绘制出的柱面的侧面曲线为这个连续函数。

peaks 函数的调用格式是：
```
[x,y,z] = peaks(n)
```
其中，n 表示矩阵的行数和列数；x 和 y 在矩形 $[-3,3] \times [-3,3]$ 中等距分割，分别沿 x 和 y 方向将区间分成 $n-1$ 份，并计算这些网格点上的函数值。n 的默认值是 49。

例 3.20 绘制 3 个三维曲面图形：半径为 4 的球面、边界为正弦曲线 $y = 2 + \sin x$，$x \in [0, 2\pi]$ 的柱面和多峰函数。

解：程序如下：

```
[x,y,z] = sphere;
subplot(2,2,1);
surf(4*x,4*y,4*z);
axis equal
title('半径为4的球面');
t = 0:pi/20:2*pi;
[x,y,z] = cylinder(2 + sin(t),30);
subplot(2,2,2);
surf(x,y,z);
title('边界为正弦的柱面');
[x,y,z] = peaks(30);
subplot(2,1,2);
surf(x,y,z);
title('多峰函数');
```

程序运行结果如图 3-24 所示。

3.4.3 其他三维图形

在介绍二维特殊图形时，给出了条形图 bar、阶梯形图 stairs、杆图 stem、填充图 fill 等，它们还可以以三维的形式出现，分别是 bar3、stairs3、stem3、fill3。调用格式与二维情形的类似。

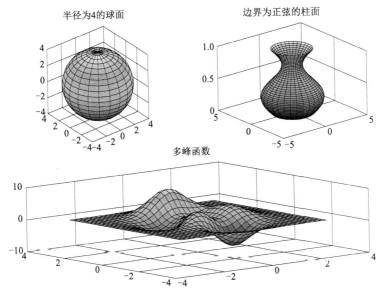

图 3-24 球面、柱面和多峰函数

例 3.21 绘制三维图形:

① 绘制 5 阶魔方阵的三维条形图;

② 绘制多峰函数的三维杆图;

③ 某班 35 人中,优秀、良好、中等、及格和不及格的人数分别为 2 人、10 人、12 人、7 人和 4 人,试绘制三维饼图;

④ 随机生成 5 个三角形的顶点坐标,用黄色填充三角形内部.

解:程序如下:

```
subplot(2,2,1);
bar3(magic(5));
title('条形图');
subplot(2,2,2);
stem3(peaks(15));
title('杆图');
subplot(2,2,3);
pie3([2,10,12,7,4]);
title('饼图');
subplot(2,2,4);
fill3(rand(3,5),rand(3,5),rand(3,5),'y');
title('填充图');
```

程序运行结果如图 3-25 所示.

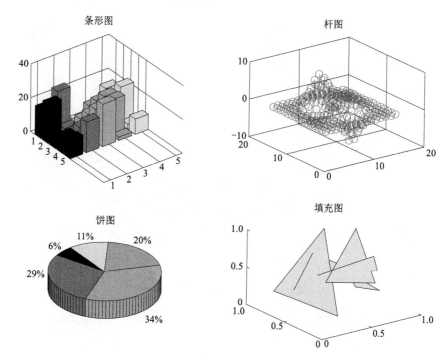

图 3-25 其他三维图形

除了以上三维图形外,常用的图形还有瀑布图和三维等高线图,使用函数 waterfall 和函数 contour3 绘制,contour3 的具体用法与二维的类似.

例 3.22 绘制多峰函数的瀑布图和等高线图,并与带底座和带等高线的曲面图进行比较.

解:程序如下:

```
subplot(2,2,1);
[x,y,z]=peaks(30);
waterfall(x,y,z)
title('瀑布图');
subplot(2,2,2);
contour3(x,y,z,12,'k');   % 12 表示高度的等级数
title('三维等高线图');
subplot(2,2,3);
meshz(x,y,z);
title('带底座网格曲面');
```

```
subplot(2,2,4);
meshc(x,y,z);
title('带等高线网格曲面');
```

程序运行结果如图 3-26 所示.

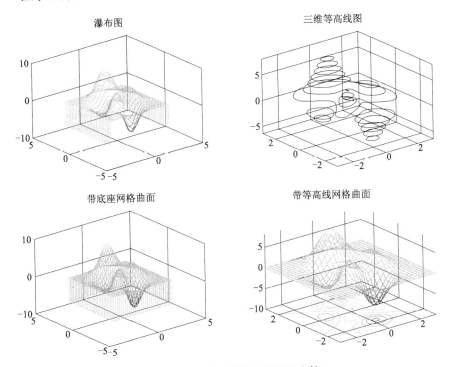

图 3-26 多峰函数的各种图形比较

在绘制三维图形时，也会出现隐函数的情形．MATLAB 提供了许多这类三维曲线和三维曲面图形绘制函数，如 ezplot3 函数、ezmesh 函数、ezsurf 函数等，具体用法与二维 ezplot 函数类似，这里就不一一介绍了．有兴趣的读者可以查阅 MATLAB 中的帮助文件．

3.5 三维动画

MATLAB 可以实现影片动画制作和实时动画制作.

影片动画预先制作图形，存储在图形缓冲区，然后逐帧播放．如果将 MATLAB 产生的多幅图形保存起来，利用系统提供的函数进行播放，就可以产生动画效果．MATLAB 提供了 3 个函数用于捕捉和播放动画，分别为 getframe 函数、moviein 函数和 movie 函数.

getframe 函数可截取一幅画面信息（称为动画中的一帧），一幅画面信息形成一个很大的列向量. 显然，保存 n 幅图面就需一个大矩阵.

moviein(n) 函数用来建立一个足够大的 n 列矩阵. 该矩阵用来保存 n 幅画面的数据，以备播放. 之所以要事先建立一个大矩阵，是为了提高程序运行速度.

movie(m,n) 函数播放由矩阵 *m* 所定义的画面 n 次，缺省时播放一次.

例 3.23 绘制 peaks 函数曲面并且将它绕 z 轴旋转.

解：程序如下：

```
[x,y,z] = peaks(30);
surf(x,y,z)
axis([-3,3,-3,3,-10,10])
axis off;
m = moviein(20);              % 建立一个20列大矩阵
for i = 1:20
   view(-37.5 + 24*(i-1),30)  % 改变视点
   m(:,i) = getframe;         % 将图形保存到 m 矩阵
end
movie(m,2);                   % 播放画面2次
```

读者可以自行运行程序. 运行结果如图 3-27 所示.

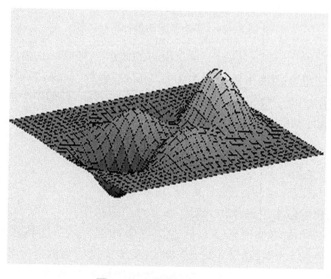

图 3-27 多峰函数的动画

实时动画保持图形窗口中绝大部分的像素色彩不变,只更新部分像素色彩,从而构成运动图像. 制作实时动画的基本方法是先画出初始图形,再计算活动对象的新位置,并在新位置上把它显示出来,擦除原位置上的原有对象,刷新屏幕. 重复操作就可产生动画效果.

MATLAB 中的 EraseMode 属性可以实现 3 种擦除方式:

① None:图形对象变化时,不做任何擦除,直接在原来图形上绘制.

② BackGround:图形对象被擦除后,原对象的颜色设为背景色,实现擦除.

③ Xor:对象的绘制和擦除由该对象颜色与屏幕颜色来确定. 只绘制与屏幕颜色不一致的新对象点,只擦除与屏幕颜色不一致的原对象点,而不损害被擦除对象下面的其他对象.

大多数 MATLAB 动画都采用第③种方式.

downnow 命令是及时刷新屏幕的命令,可以使 MATLAB 暂停当前任务序列而去刷新屏幕. 在实施动画时,为更新屏幕,需要使用 downnow 命令.

例 3.24 模拟布朗运动.

解:程序如下:

```
n = 50;                              % 指定布朗运动的点数
s = 0.02;                            % 指定温度或速率
% 产生 n 个随机点(x,y),处于 -0.5 到 0.5 之间
x = rand(n,1) -0.5;
y = rand(n,1) -0.5;
h = plot(x,y,'.');                   % 绘制随机点,用句点'.'表示
axis([ -1 1 -1 1]);
axis square
grid off
set(h,'EraseMode','Xor',             % 设置擦除方式为 Xor
'MarkerSize',20);
                                     % 循环 2000 次,产生动画效果
for i = linspace(1,10,2000)
    drawnow
    x = x + s * randn(n,1);          % 在坐标点处添加随机噪声
    y = y + s * randn(n,1);
    set(h,'XData',x,'YData',y);      % 通过改变数据属性来重新绘图
end
```

读者可以自行运行程序. 运行后的一个画面如图 3-28 所示.

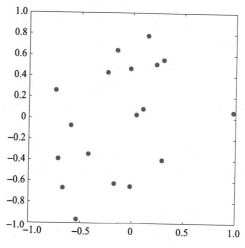

图 3-28　布朗运动动画

第 3 章练习题

1. 绘制下列函数曲线：

(1) $y = 0.5\left(\cos x + \dfrac{\sin 2x}{1+x^2}\right)$, 在 $x = 0 \sim 2\pi$ 区间.

(2) $y = x^3 - 7x^2 + 14x - 8$, 在 $x \in [0, 5]$ 区间取 101 点, $y = 0$ 用虚线标出.

(3) $\begin{cases} x = 2\cos^3 t \\ y = 3\sin^3 t \end{cases}$, $-\pi \leqslant t \leqslant \pi$, 并在顶点处用黑色星号标出.

(4) $y = \begin{cases} (x + \sqrt{1-x})\mathrm{e}^x, & x \leqslant 0 \\ \ln(x + \sqrt{1+x^2}), & x > 0 \end{cases}$, 在 $-5 \leqslant x \leqslant 5$ 区间.

(5) 笛卡儿叶形线：$x^3 + y^3 - 3xy = 0$.

(6) $y_1 = \dfrac{\sin x}{x}$, $y_2 = x\sin\dfrac{1}{x}$. $-2 \leqslant x \leqslant 2$.

2. 已知 $y_1 = \mathrm{e}^{-x^2}$, $y_2 = \sin^2 x$, $y_3 = y_1 \times y_2$, 完成下列操作：

(1) 在同一坐标系下用不同的颜色和线型绘制三条曲线.

(2) 以子图形式绘制三条曲线, 要有标题.

(3) 分别用条形图、阶梯形图、杆图和填充图绘制三条曲线.

3. 绘制极坐标曲线 $\rho = a\cos(n\theta + b)$, 并分析参数 a、b、n 对曲线形状的影响.

4. 某装饰材料公司以每桶 2 元的价钱购进一批彩漆. 一般来说，随着彩漆售价的提高，预期销售量将减少，并对此进行了估算，见下表.

售价/元	2.0	2.5	3.0	3.5	4.0	4.5	5.0	5.5	6.0
预期销售量/桶	41 000	38 000	34 000	32 000	29 000	28 000	25 000	22 000	20 000

请画出彩漆售价与预期销售量之间的关系折线图，并在数据点用标记符号标注、坐标轴标注和图形名称标注.

5. 用 fplot 函数在 [-1,1] 内用不同线型和颜色同时绘制两条曲线：$y = e^{-0.5x}\cos(5x)$ 和 $y = \sin\left(\dfrac{1}{x}\right)$.

6. 绘制下列函数的三维曲线图和曲面图.

（1）绘制三维曲线：$x = \sin(t)$；$y = \cos(t)$；$z = t\sin(t)\cos(t)$；$0 \leqslant t \leqslant 10\pi$.

（2）用 surf 函数和 mesh 函数绘制三维曲面图：$z = \sin(x + \sin(y)) - x/10$.

（3）在 xOy 平面内选择区域 $[-6,6] \times [-6,6]$，绘制函数

$$z = \dfrac{\cos x \sin y}{\sqrt{x^2 + y^2}}$$

带等高线和带底座的三维曲面图及三维等高线图.

7. 某次考试优秀、良好、中等、及格和不及格的人数分别为 11、13、24、12、7，分别用三维饼图和三维柱状图表示出各分数段所占的比例.

8. 绘制下面两个三维曲面图形：半径为 10 的球面，以及边界为曲线 $y = 1 + x^2, x \in [-1,1]$ 的柱面.

9. 绘制曲面图形，并将它绕 z 轴旋转.

$$\begin{cases} x = \cos s \cos t \\ y = \cos s \sin t, 0 \leqslant s \leqslant \dfrac{\pi}{2}, 0 \leqslant t \leqslant \dfrac{3\pi}{2} \\ z = \sin s \end{cases}$$

第 4 章 矩阵代数的 MATLAB 实现

矩阵是 MATLAB 的基本处理对象，也是 MATLAB 的重要特征．MATLAB 的矩阵运算功能非常丰富，应用也非常广泛，许多含有矩阵运算的复杂计算问题，在 MATLAB 中很容易得到解决．MATLAB 强大的计算功能以矩阵运算为基础，学习 MATLAB 也要从学习 MATLAB 的矩阵运算功能开始．

4.1 矩阵的分析与处理

4.1.1 矩阵运算符

矩阵是一个二维数组，它的加、减、数乘等运算与数组运算是一致的．
A'：矩阵的转置；
$A+B$，$A-B$：矩阵的加与减；
$k+A$，$k-A$，$k*A$，$A*k$：将 k 当作与 A 同阶的矩阵来做相应的数组运算，$k+A$ 即 $kE+A$；
$A*B$：矩阵的乘法；
$A\char`^k$：矩阵的乘方；
左除 $A\backslash B$，右除 B/A：矩阵的除法，分别为 $AX=B$ 和 $XA=B$ 的解．
矩阵运算按线性变换定义，使用通常符号 $*$，$/$ 或 $\backslash$；数组运算按对应元素运算定义，使用点运算符 $.*$，$.\char`^$，$./$ 或 $.\backslash$．例如：

```
A=[1,2;3,4];20+A
ans =
    21    22
    23    24
B=[-1,-2;-3,-4];A*B,A.*B
ans =
    -7   -10
   -15   -22
```

第4章 矩阵代数的 MATLAB 实现

```
ans =
    -1    -4
    -9   -16
```

4.1.2 特殊矩阵生成

有一类具有特殊形式的矩阵,称为特殊矩阵.常见的特殊矩阵有零矩阵、幺矩阵、单位矩阵等,这类特殊矩阵在应用中具有通用性.MATLAB 中提供了一些函数,利用这些函数可以方便地生成一些特殊矩阵.

常用的产生特殊矩阵的函数有:

zeros:产生全 0 矩阵(零矩阵);

ones:产生全 1 矩阵(幺矩阵);

eye:产生单位矩阵;

rand:产生在 0~1 间均匀分布的随机矩阵;

randn:产生均值为 0,方差为 1 的标准正态分布随机矩阵.

这几个函数的调用格式相似,下面以产生零矩阵的 zeros 函数为例进行说明.其调用格式:

zeros(m):产生 $m \times m$ 零矩阵;

zeros(m,n):产生 $m \times n$ 零矩阵.当 $m = n$ 时,等同于 zeros(m);

zeros(size(A)):产生与矩阵同样大小的零矩阵.

例 4.1 分别建立 2×2、2×3 和与矩阵 **A** 同样大小的零矩阵.

解:程序如下:

```
zeros(2)
ans =
    0    0
    0    0
zeros(2,3)
ans =
    0    0    0
    0    0    0
A=[3,3,3;4,5,6];
zeros(size(A))
ans =
    0    0    0
    0    0    0
```

4.1.3 矩阵处理

1. 对角阵

只有对角线上有非 0 元素的方阵称为对角矩阵，对角线上的元素相等的对角矩阵称为数量矩阵，对角线上的元素都为 1 的对角矩阵称为单位矩阵．矩阵的对角线有许多性质，如转置运算时，对角线元素不变；相似变换时，对角线的和（称为矩阵的迹）不变等．在研究矩阵时，很多时候需要将矩阵的对角线上的元素提取出来形成一个列向量，而有时又需要用一个向量构造一个对角阵．

（1）提取矩阵的对角线元素

设 A 为 $m \times n$ 矩阵，diag(A) 函数用于提取矩阵 A 的主对角线元素，产生一个具有 $\min(m,n)$ 个元素的列向量．例如：

```
A = [1,2,3;4,5,6];
D = diag(A)
D =
    1
    5
```

diag(A) 函数还有一种形式：diag(A,k)，其功能是提取第 k 条对角线的元素．与主对角线平行，往上为第 1 条、第 2 条、…、第 n 条对角线，往下为第 -1 条、第 -2 条、…、第 $-n$ 条对角线．主对角线为第 0 条对角线．例如，提取 A 主对角线两侧对角线的元素，命令如下：

```
A = [1,2,3,4;5,6,7,8];
D1 = diag(A,-1)
D1 =
    5
D2 = diag(A,1)
D2 =
    2
    7
```

（2）构造对角矩阵

设 V 为具有 m 个元素的向量，diag(V) 将产生一个 $m \times m$ 对角矩阵，其主对角线元素即为向量 V 的元素．例如：

```
diag([2,-3,8])
ans =
    2    0    0
    0   -3    0
    0    0    8
```

diag(V)函数也有另一种形式：diag(V,k)，其功能是产生一个 $n \times n$ ($n = m + |k|$) 的对角阵，其第 k 条对角线的元素即为向量 V 的元素. 例如：

```
diag(1:3,-1)
ans =
    0    0    0    0
    1    0    0    0
    0    2    0    0
    0    0    3    0
```

例4.2 先建立 6×6 矩阵，然后将 A 的第一列元素乘以1，第二列乘以2，……，第六列乘以6.

解：用一个对角矩阵右乘一个矩阵时，相当于用对角阵的第一个元素乘以该矩阵的第一列，用对角阵的第二个元素乘以该矩阵的第二列，……，依此类推. 因此，只需按要求构造一个对角矩阵 D，并用 D 右乘 A 即可. 命令如下：

```
A=[1,2,3,4,5,6;-4,0,9,3,4,4;-2,-3,7,-9,0,0;0,0,7,
-2,2,4;1,2,3,4,5,6;5,5,4,3,0,-3];
D=diag(1:6);
B=A*D
B =
    1    4    9   16   25   36
   -4    0   27   12   20   24
   -2   -6   21  -36    0    0
    0    0   21   -8   10   24
    1    4    9   16   25   36
    5   10   12   12    0  -18
```

如果要对 A 的每行元素乘以同一个数，可以用一个对角阵左乘矩阵 A。

2. 三角阵

三角阵又进一步分为上三角阵和下三角阵。所谓上三角阵，即矩阵的对角线以下的元素全为 0 的一种矩阵，而下三角阵则是对角线以上的元素全为 0 的一种矩阵。

（1）上三角矩阵

与矩阵 A 对应的上三角阵 B 是与 A 同型（具有相同的行数和列数）的一个矩阵，并且 B 的对角线以上（含对角线）的元素和 A 的对应相等，而对角线以下的元素等于 0。求矩阵 A 的上三角阵的 MATLAB 函数是 triu(A)。例如，提取矩阵 A 的上三角元素，形成新的矩阵 M，命令如下：

```
A = [11 12 13;4 -6 14;3 5 -8];
M = triu(A)
M =
    11    12    13
     0    -6    14
     0     0    -8
```

triu(A) 函数也有另一种形式：triu(A,k)，其功能是求矩阵 A 的第 k 条对角线以上的元素。例如，提取上面矩阵 A 的第 2 条对角线以上的元素，形成新的矩阵 B，命令如下：

```
B = triu(A,2)
B =
     0     0    13
     0     0     0
     0     0     0
```

（2）下三角矩阵

在 MATLAB 中，提取矩阵 A 的下三角矩阵的函数是 tril(A) 和 tril(A,k)，其用法与提取上三角矩阵的函数 triu(A) 和 triu(A,k) 完全相同。

3. 矩阵的旋转

在 MATLAB 中，可以很方便地以 90° 为单位使矩阵沿逆时针方向进行旋转。利用函数 rot90(A,k) 将矩阵 A 旋转 90° 的 k 倍，当 k 为 1 时可省略。例如，将 A 按逆时针方向旋转 90°，命令如下：

```
A = [ -1,2,-3;11,5,-22];
M = rot90(A)
```

```
M =
    -3   -22
     2     5
    -1    11
M1 = rot90(A,4)
M1 =
    -1     2    -3
    11     5   -22
```

4. 矩阵的翻转

对矩阵实施左右翻转是将原矩阵的第一列和最后一列调换，第二列和倒数第二列调换，……，依此类推．MATLAB 对矩阵 A 实施左右翻转的函数是 fliplr(A)．

与矩阵的左右翻转类似，矩阵的上下翻转是将原矩阵的第一行与最后一行调换，第二行与倒数第二行调换，……，依此类推．MATLAB 对矩阵 A 实施上下翻转的函数是 flipud(A)．例如，对上面矩阵 A：

```
M3 = fliplr(A)
M3 =
    -3     2    -1
   -22     5    11
M4 = flipud(A)
M4 =
    11     5   -22
    -1     2    -3
```

4.2 矩阵的计算

4.2.1 矩阵的行列式

矩阵的行列式是一个数值，它可以用来判定矩阵是否奇异（矩阵行列式是否等于 0），这主要用在线性方程组特性分析上．MATLAB 中求解矩阵行列式的函数是 det．例如：

```
A = rand(4)
A =
    0.8147    0.6324    0.9575    0.9572
```

```
    0.9058    0.0975    0.9649    0.4854
    0.1270    0.2785    0.1576    0.8003
    0.9134    0.5469    0.9706    0.1419
B = det(A)
B =
   -0.0261
```

4.2.2 矩阵的秩

矩阵线性无关的行数或列数称为矩阵的秩. 什么叫矩阵线性无关的行或列呢？事实上，一个 $m \times n$ 阶矩阵 A 是由 m 个行向量组成或由 n 个列向量组成的. 通常，对于一组向量 $x_1, x_2, \cdots, x_p$，若存在一组不全为零的数，使

$$k_1 x_1 + k_2 x_2 + \cdots + k_p x_p = 0$$

成立，则称这 p 个向量线性相关，否则称线性无关. 对于 $m \times n$ 阶矩阵 A，若 m 个行向量中最多有 $r(r \leqslant m)$ 个行向量线性无关，则称 r 为矩阵 A 的行秩；类似地，可定义矩阵 A 的列秩. 矩阵的行秩和列秩必定相等，将行秩和列秩统称为矩阵的秩，有时也称为该矩阵的奇异值数.

在 MATLAB 中，求矩阵秩的函数是 rank(A). 例如：

```
A = [11 12 13;4 -6 14;15 6 27];
r = rank(A)
r =
    2
```

4.2.3 矩阵的迹

矩阵的迹等于矩阵的对角线元素之和，也等于矩阵的特征值之和. 在 MATLAB 中，求矩阵的迹的函数是 trace(A). 例如，对上述 A：

```
trace(A)
ans =
    32
```

4.2.4 矩阵的逆

如果 $B * A = A * B = E$，那么矩阵 A 的逆矩阵为 B，那么，即一个矩阵和它的逆矩阵左乘或者右乘结果都是单位矩阵. 易知，只有方阵才具有逆矩阵.

MATLAB中可以通过函数 inv 求矩阵的逆.

矩阵的逆在求解线性方程组时是重要的,对于一般的给定线性方程组 $A*X=b$,其解就可以通过 X = inv(A)b 求得.

例 4.3 求方阵 $A = \begin{pmatrix} 1 & -1 \\ 2 & 3 \end{pmatrix}$ 的逆矩阵,验证 A 与 A^{-1} 是否是互逆的;求解线性方程组 $\begin{cases} x_1 - x_2 = 5 \\ 2x_1 + 3x_2 = -2 \end{cases}$.

解:

```
A=[1,-1;2,3];
B=inv(A)
B =
    0.6000    0.2000
   -0.4000    0.2000
B*A
ans =
    1.0000   -0.0000
         0    1.0000
b=[5,-2]';              % b 为列向量
X=inv(A)*b              % 或者用左除运算符 X = A\b
X =
    2.6000
   -2.4000
```

上述计算中可见 $A \cdot B = B \cdot A$,即 $A \cdot A^{-1} = A^{-1} \cdot A$,故 A 与 A^{-1} 是互逆的. 需要注意的是,对于严重病态的矩阵或奇异矩阵,inv 求解时会出警告提示,因为这时候其逆矩阵本来就不存在,或者非常容易受扰动而使求解不精确,例如:

```
A=[1,-1;2,-2];
inv(A)
Warning: Matrix is singular to working precision.
ans =
    Inf   Inf
    Inf   Inf
```

如果矩阵 A 不是一个方阵,或者 A 是一个非满秩的方阵,矩阵 A 没有逆

矩阵,但可以找到一个与 A 的转置矩阵同型的矩阵 B,使得:
$$A \cdot B \cdot A = A$$
$$B \cdot A \cdot B = B$$
此时称矩阵 B 为矩阵 A 的伪逆,也称为广义逆矩阵. 在 MATLAB 中,求一个矩阵伪逆的函数是 pinv(A). 例如,对上述 A:

```
pinv(A)
ans =
    0.1000    0.2000
   -0.1000   -0.2000
```

4.2.5 矩阵的特征值与特征向量

对于 n 阶方阵 A,如果存在数 λ 和非零向量 ξ,使得等式 $A\xi = \lambda\xi$ 成立,满足等式的数 λ 称为 A 的特征值,而向量 ξ 称为 A 的特征向量. 实际上,方程 $A\xi = \lambda\xi$ 和 $(A - \lambda E)\xi = 0$ 是两个等价方程. 要使方程 $(A - \lambda E)\xi = 0$ 有非零解 ξ,必须使其系数行列式为 0,即 $|A - \lambda E| = 0$.

可以证明,行列式 $|A - \lambda E|$ 是一个关于 λ 的 n 阶多项式,因而方程 $|A - \lambda E| = 0$ 是一个 n 次方程,有 n 个根(含重根),就是矩阵 A 的 n 个特征值,每一个特征值对应无穷多个特征向量. 矩阵的特征值问题有确定解,但特征向量问题没有确定解.

特征值和特征向量在科学研究和工程计算中都有非常广泛的应用. 在 MATLAB 中,计算矩阵 A 的特征值和特征向量的函数是 eig(A),常用的调用格式有 3 种.

① E = eig(A):求矩阵 A 的全部特征值,构成向量 E.

② [V,D] = eig(A):求矩阵 A 的全部特征值,构成对角阵 D,并求 A 的特征向量,构成列向量 V.

③ [V,D] = eig(A,'nobalance'):与第二种格式类似,但第二种格式中先对 A 做相似变换后求矩阵 A 的特征值和特征向量,而此格式直接求矩阵 A 的特征值和特征向量.

一个矩阵的特征向量有无穷多个,eig 函数只找出其中的 n 个,A 的其他特征向量均可由这 n 个特征向量的线性组合表示. 例如:

```
A = [1,1,0;1,2,2;0,2,4];
[V,D] = eig(A)
```

第4章 矩阵代数的 MATLAB 实现

```
V =
    0.6667   -0.7347    0.1258
   -0.6667   -0.5122    0.5415
    0.3333    0.4449    0.8313
D =
    0.0000         0         0
         0    1.6972         0
         0         0    5.3028
```

求得的 3 个特征值是 0、1.697 2 和 5.302 8，各特征值对应的特征向量为 **V** 的各列构成的向量.

4.2.6 矩阵的线性空间的标准正交基

一个矩阵 $A_{m \times n}$ 按列分块 $(\alpha_1, \alpha_2, \cdots, \alpha_n)$，则由 $\alpha_1, \alpha_2, \cdots, \alpha_n$ 生成的线性空间 R^m 的子空间称为 **A** 的线性空间 **V**，即由 $\alpha_1, \alpha_2, \cdots, \alpha_n$ 的全体线性组合得到的向量组成.

MATLAB 中可以通过 orth 函数产生矩阵 **A** 的线性空间的一组标准正交基，即若 B = orth(A)，则 **B** 的列向量组成了矩阵 **A** 的线性空间的一组标准正交基，于是 B'*B = eye(rank(A)).

例 4.4 矩阵的标准正交基.

解：在命令窗口输入：

```
A = rand(3)
A =
    0.8147    0.9134    0.2785
    0.9058    0.6324    0.5469
    0.1270    0.0975    0.9575
B = orth(A)
B =
   -0.6612   -0.4121   -0.6269
   -0.6742   -0.0400    0.7375
   -0.3290    0.9103   -0.2513
B'*B
ans =
```

```
    1.0000   -0.0000    0.0000
   -0.0000    1.0000    0.0000
    0.0000    0.0000    1.0000
```

二次型的标准化，就是对任意的二次型

$$f(x_1,x_2,\cdots,x_n) = a_{11}x_1^2 + a_{22}x_2^2 + \cdots + a_{nn}x_n^2 + 2a_{12}x_1x_2 + \cdots + 2a_{n-1,n}x_{n-1}x_n$$

总有正交变换 $x = Py$，使之化为标准形 $f = \lambda_1 y_1^2 + \lambda_2 y_2^2 + \cdots + \lambda_n y_n^2$，其中

$$x = \begin{bmatrix} x_1 \\ x_2 \\ \vdots \\ x_n \end{bmatrix}, \quad y = \begin{bmatrix} y_1 \\ y_2 \\ \vdots \\ y_n \end{bmatrix}$$

$\lambda_1,\lambda_2,\cdots,\lambda_n$ 是二次型 f 的矩阵

$$A = \begin{pmatrix} a_{11} & a_{12} & \cdots & a_{1n} \\ a_{21} & a_{22} & \cdots & a_{2n} \\ \vdots & \vdots & & \vdots \\ a_{n1} & a_{n2} & \cdots & a_{nn} \end{pmatrix}$$

的特征值，P 为使 A 对角化的矩阵，即

$$f = y^T P^T A P y = (y_1,y_2,\cdots,y_n) \begin{pmatrix} \lambda_1 & & & \\ & \lambda_2 & & \\ & & \ddots & \\ & & & \lambda_n \end{pmatrix} \begin{pmatrix} y_1 \\ y_2 \\ \vdots \\ y_n \end{pmatrix}$$

例 4.5 求一个正交变换，化下面二次型为标准形：

$$f = x_1^2 + x_2^2 + x_3^2 + x_4^2 + 2x_1x_2 - 2x_1x_4 - 2x_2x_3 + 2x_3x_4$$

解：二次型的矩阵为

$$A = \begin{pmatrix} 1 & 1 & 0 & -1 \\ 1 & 1 & -1 & 0 \\ 0 & -1 & 1 & 1 \\ -1 & 0 & 1 & 1 \end{pmatrix},$$

先求 A 的特征值和特征向量：

```
A=[1 1 0 -1;1,1 -1 0;0,-1,1,1;-1,0,1,1]
A =
    1    1    0   -1
```

```
    1       1      -1       0
    0      -1       1       1
   -1       0       1       1
[X,D] = eig(A)
X =
  -0.5000   0.7071   0.0000   0.5000
   0.5000  -0.0000   0.7071   0.5000
   0.5000   0.7071   0.0000  -0.5000
  -0.5000        0   0.7071  -0.5000
D =
  -1.0000        0        0        0
        0   1.0000        0        0
        0        0   1.0000        0
        0        0        0   3.0000
```

经观察，*X* 的每一列已经正交规范化，所以 *P* = *X*，对角矩阵为 *D*，即 *P'AP* = *D*. 可以验证：

```
X'*X
ans =
   1.0000  -0.0000  -0.0000   0.0000
  -0.0000   1.0000   0.0000   0.0000
  -0.0000   0.0000   1.0000        0
   0.0000   0.0000        0   1.0000
X'*A*X
ans =
  -1.0000   0.0000   0.0000  -0.0000
        0   1.0000   0.0000        0
   0.0000   0.0000   1.0000   0.0000
  -0.0000        0   0.0000   3.0000
```

4.2.7 矩阵的范数与条件数

一、向量的 3 种常用范数及其计算函数

设向量 $V = (v_1, v_2, \cdots, v_n)$.

(1) 2 - 范数

$$\|V\|_2 = \sqrt{\sum_{i=1}^{n} |v_i|^2}$$

(2) 1 - 范数

$$\|V\|_1 = \sum_{i=1}^{n} |v_i|$$

(3) ∞ - 范数

$$\|V\|_\infty = \max_{1 \leq i \leq n} \{|v_i|\}$$

在 MATLAB 中,求这 3 种向量范数的函数分别为:
① norm(V) 或 norm(V,2):计算向量 V 的 2 - 范数;
② norm(V,1):计算向量 V 的 1 - 范数;
③ norm(V,inf):计算向量 V 的 ∞ - 范数.
例如:

```
V = [-1,i,3+4i];
norm(V)
ans =
    5.1962
norm(V,1)
ans =
    7
norm(V,inf)
ans =
    5
```

二、矩阵的范数及其计算函数

设 A 是一个 $m \times n$ 的矩阵,V 是一个含有 n 个元素的列向量,定义:

$$\|A\| = \max \|A \cdot V\|, \quad \|V\| = 1.$$

因为 A 是一个 $m \times n$ 的矩阵,而 V 是一个 n 维列向量,所以 $A \cdot V$ 是一个 m 维列向量. 对应前面定义的 3 种不同的向量范数,定义 3 种矩阵范数,这样定义的矩阵范数 $\|A\|$ 称为矩阵从属于向量的范数.

上式只给出了矩阵范数的基本定义,未给出具体计算方法,完全按照上式是难以计算一个矩阵的某种具体范数的. 设矩阵 $A = (a_{ij})_{m \times n}$,则从属 3 种向量范数的矩阵范数计算公式是:

$$\|A\|_1 = \max_{\|V\|=1} \{\|A \cdot V\|_1\} = \max_{1 \leq j \leq n} \left\{ \sum_{i=1}^{m} |a_{ij}| \right\}$$

$$\|A\|_2 = \max_{\|V\|=1}\{\|A\cdot V\|_2\} = \sqrt{\lambda_1}, 其中\lambda_1为\overline{A}'A最大特征值(\overline{A}'为A$$
的共轭转置）

$$\|A\|_\infty = \max_{\|V\|=1}\{\|A\cdot V\|_\infty\} = \max_{1\leq i\leq m}\left\{\sum_{j=1}^n|a_{ij}|\right\}$$

MATLAB 提供了求 3 种矩阵范数的函数，其函数调用格式与求向量的范数的函数完全相同，这里不再赘述．例如：

```
A=[-1,-2,5/2;2,3,-2;3/4,0,-1];
norm(A)
ans =
    5.3187
norm(A,1)
ans =
    5.5000
norm(A,inf)
ans =
    7
```

三、矩阵的条件数

在求解线性方程组 $AX=b$ 时，一般认为，系数矩阵 A 中个别元素的微小扰动不会引起解向量的很大变化．这样的假设在工程应用中非常重要，因为一般系数矩阵的数据是由实验数据获得的，并非精确值，但与精确值误差不大，上面的假设可以得出如下结论：当参与运算的系数与实际精确值误差很小时，所获得的解与问题的精确解误差也很小．遗憾的是，上述假设并非总是正确的．对于有的系数矩阵，个别元素的微小扰动会引起解的很大变化，在计算数学中，称这种矩阵是病态矩阵，否则为良性矩阵，条件数就是用来描述矩阵的这种性能的一个参数．

矩阵 A 的条件数等于 A 的范数与 A 的逆矩阵的范数的乘积，即
$$\text{cond}(A) = \|A\|\cdot\|A^{-1}\|$$

这样定义的条件数总是大于 1 的．条件数越接近于 1，矩阵的性能越好；反之，矩阵的性能越差．按照前面定义的 A 的 3 种范数，相应地可定义 3 种条件数．在 MATLAB 中，计算 A 的 3 种条件数的函数是：

① cond(A,1)：计算 A 的 1 - 范数下的条件数，即
$$\text{cond}(A,1) = \|A\|_1\cdot\|A^{-1}\|_1$$

② cond(A) 或 cond(A,2)：计算 A 的 2 - 范数下的条件数，即

$$\mathrm{cond}(A) = \|A\|_2 \cdot \|A^{-1}\|_2$$

③ cond(A,inf)：计算 A 的 ∞ – 范数下的条件数，即

$$\mathrm{cond}(A,\mathrm{inf}) = \|A\|_\infty \cdot \|A^{-1}\|_\infty$$

例如，对上面 A：

```
cond(A,1)
ans =
    11.3793
cond(A,inf)
ans =
    16.4138
cond(inv(A),inf)
ans =
    16.4138
```

一个矩阵和它的逆矩阵一定具有相同的条件数．另外，对于秩为 0 或非常接近 0 的奇异矩阵，其条件数会非常大，也即矩阵病态程度很严重．

4.3 多项式计算

MATLAB 提供了许多处理多项式的函数，这些函数在微分、积分等运算中有着广泛的应用，本章介绍 MATLAB 中多项式的表示、创建、运算和曲线拟合．

4.3.1 多项式基础

1. 多项式的表示

在 MATLAB 中，用行向的一维数组表示多项式，数组元素为多项式的系数，并按照从高阶到低阶的顺序排列，比如多项式：

$$p(x) = 2x^3 - 3x^2 - 1$$

在 MATLAB 中用数组表示为：

$$p = \begin{bmatrix} 2 & -3 & 0 & -1 \end{bmatrix}$$

2. 多项式的根

MATLAB 中可以用 roots 函数求解多项式的根，结果以列向的一维数组形式返回．

例 4.6 求解多项式 $s(x) = x^3 - x^2 - x - 2$ 的根．

解：在命令窗口输入：

第4章 矩阵代数的 MATLAB 实现

```
p = [1,-1,-1,-2];
roots(p)
ans =
   2.0000
  -0.5000 + 0.8660i
  -0.5000 - 0.8660i
```

3. 多项式的创建

创建多项式有两种方法：

① 直接输入系数数组；

② 通过多项式的零点（根）用 poly 函数创建，poly 函数的输入参数是列向的一维数组．

例 4.7 多项式的创建．

解：在命令窗口输入：

```
s = [1,-1,-1,-2]; r = roots(s)
r =
   2.0000
  -0.5000 + 0.8660i
  -0.5000 - 0.8660i
ss = poly(r)
ss =
    1.0000   -1.0000   -1.0000   -2.0000
```

可见，通过 roots 求根后再用 poly 可以得到多项式根对应的多项式的系数．有些情况下，只知道多项式的零点，可以用 poly 函数创建多项式的系数数组．

poly 函数的输入参数还可以是二维数组，这时候 poly 函数返回的是该数组的特征多项式 $|\lambda E - A|$，该多项式的零点就是二维数组的特征值．

例 4.8 特征多项式．

解：在命令窗口输入：

```
A = rand(3)
A =
   0.8147   0.9134   0.2785
   0.9058   0.6324   0.5469
```

```
       0.1270    0.0975    0.9575
p = poly(A)
p =
   1.0000   -2.4046    0.9848    0.2767
r = roots(p)
r =
   1.7527
   0.8399
  -0.1879
e = eig(A)
e =
  -0.1879
   1.7527
   0.8399
```

4. 多项式求值

在工程计算中，经常需要计算给定多项式在某点的值．MATLAB 中可以用 polyval 函数来计算多项式在指定点的值．

例 4.9 设多项式 $f(x) = 2x^4 - x^3 + 3x^2 + 1$，求值 $f(1.5)$．

解：在命令窗口输入：

```
p = [2,-1,3,0,1];
a = 1.5;
polyval(p,a)
ans =
   14.5000
```

polyvalm 可以接受二维数组形式的输入参数，对二维数组进行运算（即计算矩阵多项式），这种运算要求输入数组是方阵．

例 4.10 设多项式 $f(x) = 2x^4 - x^3 + 3x^2 + 1$，$A = \begin{bmatrix} -1 & 1 \\ 0 & -1 \end{bmatrix}$，计算矩阵多项式 $f(A)$．

解：在命令窗口输入：

```
p = [2,-1,3,0,1];
A = [-1,1;0,-1];
```

```
polyvalm(p,A)
ans =
    7   -17
    0     7
```

4.3.2 多项式运算

一、多项式乘法

MATLAB 中提供了 conv 函数，可以进行多项式乘法运算．

需要注意的是：

① 乘号（*）用于数组乘法，要求第一个数组的列数等于第二个数组的行数；

② 点乘（.*）用于逐个元素的乘法，要求两个数组具有相同尺寸．

这些不要和多项式乘法相混淆．

例 4.11 多项式乘法．

解：在命令窗口输入：

```
p = [2,-1,3,0,1];p1 = [2,0,-1];
conv(p,p1)
ans =
    4   -2    4    1   -1    0   -1
```

这表示：

$$(2x^4 - x^3 + 3x^2 + 1) * (2x^2 - 1) = 4x^6 - 2x^5 + 4x^4 + x^3 - x^2 - 1$$

二、多项式除法

除法是乘法的逆运算，MATLAB 中多项式除法用 deconv 函数．

deconv 函数的完整语法是：

```
[q,r] = deconv(f,g)
```

其中，q 为商多项式；r 为余式多项式．该结果表示 $f = \text{conv}(q,g) + r$. 对 deconv 只指定一个变量接受返回值时，则只接收 q．

例 4.12 多项式除法．

解：在命令窗口输入：

```
f = [3 5 2 1 4];g = [2,5,3];
[q,r] = deconv(f,g)
```

```
q =
    1.5000   -1.2500    1.8750
r =
         0         0         0   -4.6250   -1.6250
```

这表示：

$$\frac{3x^4 + 5x^3 + 2x^2 + x + 4}{2x^2 + 5x + 3} = (1.5x^2 - 1.25x + 1.875) + \frac{-4.625x - 1.625}{2x^2 + 5x + 3}$$

三、多项式微分

MATLAB 中对多项式进行微分操作要用到 polyder 函数．为了处理多种微分情况，polyder 有多种语法格式：

① k = polyder(p)：直接计算 p 的微分多项式 k，表示 k = p′．

② k = polyder(a,b)：计算 conv(a,b) 的微分多项式 k，表示 k = (conv(a,b))′．

③ [q,d] = polyder(a,b)：计算分式 a/b 的微分结果，相当于 q/d = (a/b)′．

例 4.13 多项式微分．

解： 在命令窗口输入：

```
a=[1,2,3,4];b=[-1,2,1];
p1=polyder(a)
p1 =
     3     4     3
p2=polyder(a,b)
p2 =
    -5     0     6     8    11
[q,d]=polyder(a,b)
q =
    -1     4    10    12    -5
d =
     1    -4     2     4     1
```

结果的意义分别是：

$p_1 = (x^3 + 2x^2 + 3x + 4)' = 3x^2 + 4x + 3$

$p_2 = ((x^3 + 2x^2 + 3x + 4) * (-x^2 + 2x + 1))' = -5x^4 + 6x^2 + 8x + 11$

$$\left(\frac{x^3 + 2x^2 + 3x + 4}{-x^2 + 2x + 1}\right)' = \frac{-x^4 + 4x^3 + 10x^2 + 12x - 5}{x^4 - 4x^3 + 2x^2 + 4x + 1}$$

4.3.3 多项式曲线拟合

曲线拟合是数据分析中常用的方法,即是在两组数据之间建立一种已知形式的函数关系,使通过这种函数关系预测得到的数据结果和实际测量的数据最大程度地吻合,这在工程应用和科学研究中都有很广泛的应用. 当待拟合的函数关系是多项式形式的函数时,则称为多项式曲线拟合.

MATLAB 中多项式曲线拟合的函数是 polyfit,其语法格式为:

```
p = polyfit(x,y,n)
```

它返回一个 n 阶多项式的系数数组 p,表示 polyval(p,x(i)) 能在最小二乘意义上拟合 $y(i)$.

例 4.14 设多项式 $f(x) = 3x^3 + 5x^2 + x + 2$,从 0 开始,以 0.5 为步长,终点为 20 产生数据点,对数据点处函数值增加随机误差,然后对有误差的数据分别进行一阶、二阶和三阶的多项式曲线拟合,最后画出这些数据点和拟合曲线进行比较.

解:在命令窗口输入:

```
x = 0:0.5:20;                          % 产生数据点
y = polyval([3,5,1,2],x)               % 对数据点处函数值增加随机
+ randn(size(x));
                                       % 误差
p1 = polyfit(x,y,1)                    % 进行一阶多项式线性拟合
p1 =
  1.0e+003 *
    1.1898    -5.0615
y1 = polyval(p1,x);
p2 = polyfit(x,y,2)
p2 =
  1.0e+003 *
    0.0950    -0.7102    1.1138
y2 = polyval(p2,x);
p3 = polyfit(x,y,3)
p3 =
    2.9991    5.0309    0.6979    2.6232
y3 = polyval(p3,x);
plot(x,y,'.',x,y1,'-.',x,y2,'- -',x,y3,'-')
```

结果如图 4-1 所示.

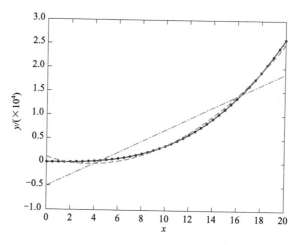

图 4-1 曲线多项式拟合比较

从图形可以看出,三次多项式的拟合几乎和加入误差前函数原本形式一致,二次多项式拟合效果也很好.

4.3.4 多项式插值

当原始数据 $(x_0,y_0),(x_1,y_1),\cdots,(x_n,y_n)$ 精度较高时,要求确定一个函数 $y = \varphi(x)$ 通过已知各数据点,即 $y_i = \varphi(x_i)$, $i = 0,1,\cdots,n$,则为插值问题. MATLAB 中多项式插值函数的语法格式有:

yi = interp1(x,y,xi):根据数据 (x,y) 给出在 x_i 的分段线性插值结果 y_i.

yi = interp1(x,y,xi,'spline'):使用三次样条插值.

yi = interp1(x,y,xi,'cubic'):使用分段三次插值.

例 4.15 对数据点 $(0.1, 0.95)$,$(0.2, 0.84)$,$(0.15, 0.86)$,$(0, 1.06)$,$(-0.2, 1.5)$,$(0.3, 0.72)$,比较不同插值方法的结果.

解:

```
clear;
x = [0.1,0.2,0.15,0,-0.2,0.3];y = [0.95,0.84,0.86,1.06,1.50,0.72];
xi = -0.2:0.01:0.3;
yi = interp1(x,y,xi);              % 分段线性插值
subplot(1,2,1)
plot(x,y,'o',xi,yi,'k')
```

```
title('linear');
yi = interp1(x,y,xi,'spline');      % 三次样条插值
subplot(1,2,2)
plot(x,y,'o',xi,yi,'k')
title('spline');
yp = interp1(x,y,-0.25,'spline',    % 这里-0.25不在
'extrap')
                                    %[-0.2,0.3]内,称为外推

yp =
    1.8150
```

结果如图 4-2 所示.

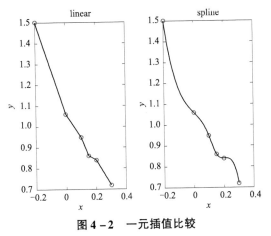

图 4-2 一元插值比较

显然,多项式插值误差大,多项式拟合不过数据点,分段线性插值不光滑,样条插值过数据点且光滑.

4.4 线性方程组

4.4.1 线性方程组的表示和种类

一般的线性方程组通常表示为如下形式:

$$\begin{cases} a_{11}x_1 + a_{12}x_2 + \cdots + a_{1n}x_n = b_1 \\ a_{21}x_1 + a_{22}x_2 + \cdots + a_{2n}x_n = b_2 \\ \cdots \\ a_{m1}x_1 + a_{m2}x_2 + \cdots + a_{mn}x_n = b_m \end{cases}$$

这里 $x_1, x_2, \cdots, x_n$ 是 n 个未知数，m 行代表了未知数满足的 m 个方程.

可以用矩阵乘法表示，其中 X 为 n 个未知数构成的列向量，b 为方程组右边的数值构成的列向量，$A = (a_{ij})_{m \times n}$ 为方程组的系数矩阵，$[A \quad b]$ 称为线性方程组的增广矩阵. MATLAB 中，就是通过矩阵 A、列向量 b 来描述一个线性方程组的.

根据系数矩阵 A 的形状和秩，线性方程组可以分为恰定方程组、欠定方程组和超定方程组.

① 当系数矩阵 A 是一个满秩方阵，即 $\text{rank}(A) = m = n$ 时，此线性方程组具有唯一解，称为恰定方程组.

② 当方程个数小于未知数个数，即 $m < n$ 时，线性方程组有无穷多个解，称为欠定方程组.

③ 当有效方程个数（线性无关的方程个数）大于未知数个数时（一般 $m > n$ 都对应这种情况），线性方程组没有精确解，称为超定方程组.

4.4.2 线性方程组的 MATLAB 求解

求解线性方程组有多种方法，在 MATLAB 中可以通过高斯消元法、矩阵除法、矩阵求逆等方法求解.

1. 高斯消元法

求解线性方程组可以通过高斯消元法，即将增广矩阵 $[A \quad b]$ 通过行方向的线性运算变形为 $[D \quad nb]$ 形式，其中 D 是 A 的标准形，即和 A 大小相同且其最左上部分是一个单位矩阵，其他元素都为 0.

① 对于恰定方程组，D 是和 A 同尺寸的单位矩阵，此时方程组的解的每一个分量可以通过 $X(i) = nb(i)/D(i,i)$ 计算得到.

② 对于欠定方程组，D 的左上部是一个比 A 小的 $k \times k$ 的单位矩阵，这时候把 $i > k$ 的 $X(i)$ 置为 0，$i \leq k$ 的 $X(i)$ 就可以通过 $X(i) = nb(i)/D(i,i)$ 计算得到（一个特解）.

③ 对于超定方程组，高斯消元后只能看出该方程组没有解.

MATLAB 中可以通过 rref([A b])，得到线性方程组扩展矩阵 $[A \, b]$ 的高斯消元后的 $[D \quad nb]$ 矩阵，由此矩阵形式就可以直接计算出线性方程组的一般解.

例 4.16 用高斯消元法求解线性方程组 $\begin{cases} x_1 - 2x_2 + 3x_3 - 4x_4 = 4 \\ x_2 - x_3 + x_4 = -3 \\ x_1 + 3x_2 + x_4 = 1 \\ -7x_2 + 3x_3 + x_4 = -3 \end{cases}$

解：在命令窗口输入：

```
A=[1,-2,3,-4;0,1,-1,1;1,3,0,1;0,-7,3,1];
b=[4;-3;1;-3];
M=rref([A,b])
M =
     1     0     0     0    -8
     0     1     0     0     3
     0     0     1     0     6
     0     0     0     1     0
```

由 D 为单位阵，可知方程组为恰定方程组，且唯一解为 $[-8, 3, 6, 0]'$。

对于有无穷多个解的欠定方程组，要获得其一般解的形式，可以先求齐次线性方程组 $A*X=0$ 的通解 $\xi = c_1\xi_1 + \cdots + c_{n-r}\xi_{n-r}$（其中，$\xi_1, \cdots, \xi_{n-r}$ 为一个基础解系，$c_1, \cdots, c_{n-r}$ 为任意常数），再求非齐次线性方程组 $A*X=b$ 的一个特解 r_0，那么 $A*X=b$ 的一般解就可以表示为 $\xi + r_0$。MATLAB 中求解 $A*X=0$，可以用 null 命令，null(A) 返回 $A*X=0$ 的解空间的一组标准正交基。

例 4.17 用高斯消元法求解欠定方程组 $\begin{cases} x_1 + 2x_2 + 3x_3 - x_4 = 1 \\ 3x_1 + 2x_2 + x_3 - x_4 = 1 \\ 2x_1 + 4x_2 + 6x_3 - 2x_4 = 2 \\ 2x_1 - 2x_3 = 0 \\ 4x_1 + 4x_2 + 4x_3 - 2x_4 = 2 \end{cases}$。

解：在命令窗口输入：

```
A=[1,2,3,-1;3,2,1,-1;2,4,6,-2;2,0,-2,0;4,4,4,-2];
null(A)    % 求对应齐次方程组 AX=0 的一个基础解系
ans =
    -0.4314   -0.0786
     0.7705   -0.3141
    -0.4314   -0.0786
    -0.1847   -0.9428
```

即基础解系

$$\xi_1 = [-0.4314, 0.7705, -0.4314, -0.1874]';$$
$$\xi_2 = [-0.0786, -0.3141, -0.0786, -0.9428]'$$

```
b=[1,1,2,0,2]';
rref([A b])    % 由最后一列可得非齐次线性方程组的一个特解
ans =
    1.0 000         0        -1.0000         0         0
         0     1.0000         2.0000    -0.5000    0.5000
         0          0              0         0         0
         0          0              0         0         0
         0          0              0         0         0
```

通过得到的高斯消元结果，可以看到此方程组至少有一个特解 $r_0 = [0, 0.5, 0, 0, 0]'$.

因此，欠定方程组 $A*X = b$ 的一般解可以表示为：

$$X = \begin{bmatrix} 0 \\ 0.5 \\ 0 \\ 0 \end{bmatrix} + c_1 * \begin{bmatrix} -0.4314 \\ 0.7705 \\ -0.4314 \\ -0.1847 \end{bmatrix} + c_2 * \begin{bmatrix} -0.0786 \\ -0.3141 \\ -0.0786 \\ -0.9428 \end{bmatrix}$$

对于超定方程组，高斯消元结果只能看出该方程组没有一般意义的解. 通常，各种数学软件都会在最小二乘意义上给出超定方程组的解，即 $\min \|A*X - b\|$. MATLAB 中也是如此.

2. 矩阵除法求解

求解线性方程组最简单的办法是用矩阵的除法. $A*X = b$ 的解可以由 $X = A\backslash b$ 得到，$X*A = b$ 的解可以由 $X = b/A$ 得到，注意，这里应用左除和右除对应的方程组形式的不同.

矩阵除法求解线性方程组，不会返回方程组类型的信息，即无论哪种类型的方程组，MATLAB 矩阵除法都会返回一个计算结果. 对于恰定方程组，这个结果就是其唯一解；对于欠定方程组，此结果是其一个特解；对于超定方程组，计算结果是方程组最小二乘意义上的解.

例4.18 用矩阵除法求解线性方程组.

解：在命令窗口输入：

```
A = rand(2,3);b = rand(2,1);
A\b
ans =
    0.2939
```

```
        0.3072
             0
rref([A b])
ans =
    1.0000         0    0.8984    0.2939
         0    1.0000   -0.7841    0.3072
```

$A*X = b$ 是一个欠定方程组, 这从 A 的形状及 rref([A b]) 的结果都可以看到, $A\backslash b$ 返回方程组的一个特解, 根据 rref([A b]) 也只能得到方程组的一个特解 (可以不是同一个特解); 当 $B*X = c$ 是一个超定方程组时, 通过 $B\backslash c$ 求得的解 x 就是最小二乘意义上方程组的解. 因此, $B*X$ 不精确等于 c, 下例通过绘图可以看出.

例 4.19 解超定方程组.

```
B = rand(4,3);
c = rand(4,1)
c =
    0.6555
    0.1712
    0.7060
    0.0318
X = B\c
X =
   -0.8039
    0.4037
    1.1960
B*X
ans =
    0.7375
    0.1845
    0.5948
    0.0749
plot(B*X,'ro');
hold on;
plot(c,'b*')
```

如图 4-3 所示，圆圈代表 $B*X$ 数据点，星号代表 c 数据点，可以看到有偏差．

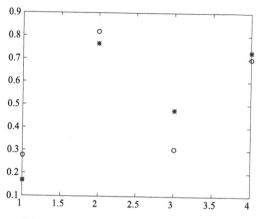

图 4-3　超定方程组最小二乘意义下的解

3. 矩阵求逆求解

求解线性方程组也可以通过逆矩阵的方法．对于方程组 $A*X = b$．

① 当 A 是方阵时，$X = \text{inv}(A)*b$；

② 当 A 不是方阵时，$X = \text{pinv}(A)*b$．

这样求解得到的线性方程组的解和高斯消元法、矩阵除法得到的结果应该是一致的．

MATLAB 求解线性方程组，效率最高的是矩阵除法，因为除法会自动识别系数矩阵 A 的特征而采用针对性的高效算法，因此，建议尽量多用矩阵除法求解线性方程组．

4. 利用矩阵分解求解线性方程组

矩阵分解是指根据一定的原理用某种算法将一个矩阵分解成若干个矩阵的乘积．常见的矩阵分解有 LU 分解、QR 分解、Cholesky 分解、Schur 分解、Hessenberg 分解及奇异值（SVD）分解等．通过矩阵分解方法求解线性方程组的优点是运算速度快，可以节省存储空间．

4.5　非线性方程与非线性方程组求解

4.5.1　非线性方程数值求解

非线性方程的求根方法很多，常用的有牛顿迭代法，但该方法需要求原方程的导数，而在实际运算中这一条件有时是不能满足的，所以又出现了弦截法、二分法等其他方法. MATLAB 提供了有关的函数用于非线性方程求解.

在 MATLAB 中提供了一个 fzero 函数, 可以用来求单变量非线性方程的根. 该函数的调用格式为:

```
z = fzero(filename,x0,tol,trace)
```

其中, filename 是待求根的函数文件名; x_0 为搜索的起点, 一个函数可能有多个根, 但 fzero 函数只给出离 x_0 最近的那个根; tol 控制结果的相对精度, 默认时取 tol = eps; trace 制定迭代信息是否在运算中显示, 为 1 时显示, 为 0 时不显示, 默认时取 trace = 0.

例 4.20 求 $f(x) = \ln x - \dfrac{3}{x} + 5$ 在 $x_0 = 5$ 作为迭代初值时的零点.

解: 先建立函数文件 f1.m:

```
function f = t1(x)
f = log(x) - 3/x + 5;
```

然后调用 fzero 函数求根:

```
fzero('f1',5)
ans =
    0.6554
```

4.5.2 非线性方程组的求解

在 MATLAB 的优化工具箱中提供了非线性方程组的求解函数 fsolve, 该函数的基本调用格式为:

```
x = fsolve(filename,x0,option)
```

其中, x 为返回的解; filename 是用于定义需求解的非线性方程组的函数文件名; x_0 是求根过程的初值; option 为设定的优化工具箱的优化参数.

优化工具箱提供了 20 多个优化参数选项, 用户可以使用 optimset 函数将它们显示出来. 下面仅列出一些常用的选项:

① Display 选项: 该选项决定函数调用时中间结果的显示方式, 其中 off 为不显示, iter 表示每步都显示, final 只显示最终结果.

② LargeScale 选项: 表示是否用大规模问题算法, 取值为 on 或 off. 在求解中小型问题时, 通常将该选项设置为 off.

③ MaxIter 选项: 表示最大允许迭代次数, 默认为 400 次. 选择空矩阵, 则表示取默认值.

④ TolFun 选项：表示目标函数误差容限，选择空矩阵，则表示默认值 10^{-6}.

⑤ TolX 选项：表示自变量误差容限，选择空矩阵，则表示默认值 10^{-6}.

可以先用 option = optimset 命令来调入一组默认选项值，如果想改变其中某个参数，则可以调用 optimset 函数完成．例如，optimset('Display','off') 将设定 Display 选项为 off．也可更直观地用结构体属性的方式设置新参数．例如，不求解大规模问题时，最好用下面的语句关闭大规模问题解法选项：

```
option = optimset;option.LargeScale = 'off';
```

这样可以将 LargeScale 选项设为 off.

例 4.21 求下列方程组在 (1,1,1) 附近的解，并对结果进行验证．

$$\begin{cases} \sin x + y + z^2 e^x = 0 \\ x + y + z = 0 \\ xyz = 0 \end{cases}$$

解：首先建立函数文件 myfun.m：

```
function F = myfun(X)
x = X(1);
y = X(2);
z = X(3);
F(1) = sin(x) + y + z^2 * exp(x);
F(2) = x + y + z;
F(3) = x * y * z;
```

在给定的初值 $x_0 = 1, y_0 = 1, z_0 = 1$ 下，调用 fsolve 函数求方程组的根：

```
X = fsolve('myfun',[1,1,1],optimset('Display','off'))
X =
     0.0224    -0.0224    -0.0000
```

将求得的解代回原方程，可以检验结果是否正确，命令如下：

```
myfun(X)
ans =
 1.0e-006 *
  -0.5931   -0.0000    0.0006
```

4.6 最优化问题求解

4.6.1 线性规划

线性规划（linear programming，LP）就是对满足有限多个线性的等式或不等式约束条件的决策变量的一个线性目标函数求最大值或最小值的最优化问题。线性规划模型的一般表达式可写成

$$\max(\text{或 min}) \ z = c_1 x_1 + c_2 x_2 + \cdots + c_n x_n$$
$$\text{s.t.} \ a_{11} x_1 + a_{12} x_2 + \cdots + a_{1n} x_n \leqslant (\text{或} =, \geqslant) b_1$$
$$a_{21} x_1 + a_{22} x_2 + \cdots + a_{2n} x_n \leqslant (\text{或} =, \geqslant) b_2$$
$$\cdots$$
$$a_{m1} x_1 + a_{m2} x_2 + \cdots + a_{mn} x_n \leqslant (\text{或} =, \geqslant) b_m$$
$$x_j \geqslant 0, j = 1, 2, \cdots, n \tag{4.1}$$

引入记号 $\boldsymbol{A} = (a_{ij})_{m \times n}$，$\boldsymbol{x} = (x_i)_{n \times 1}$，$\boldsymbol{c} = (c_i)_{n \times 1}$，$\boldsymbol{b} = (b_i)_{m \times 1}$，则线性规划问题可改写为：

$$\begin{cases} \min(\text{或 max}) \ z = \boldsymbol{c}^{\mathrm{T}} \boldsymbol{x} \\ \text{s.t.} \ \boldsymbol{Ax} \leqslant (\text{或} =, \text{或} \geqslant) \boldsymbol{b}, \\ x_i \geqslant 0 (i = 1, 2, \cdots, n) \end{cases}$$

式中，$\boldsymbol{x}$ 称为决策变量；z 为目标函数。目标函数的变量系数 $\boldsymbol{c}$ 称为费用系数，约束条件的变量系数 $\boldsymbol{A}$ 称为约束矩阵或工艺系数，约束条件右端的常数 $\boldsymbol{b}$ 称为右端向量或资源限量。约束条件前的记号"s.t."是"subject to"的缩写，意即"受约束于"。决策变量的上下界约束是线性规划模型的一类特殊的线性不等式约束条件，在实践中，一般 $x_j \geqslant 0$（即非负约束），但有时 $x_j \leqslant 0$ 或 x_j 无符号限制。在理论上和计算上，决策变量的上下界约束一般要单列。

MATLAB 优化工具箱函数 linprog 用于求解以下形式的线性规划模型：

$$\min z = \boldsymbol{c}^{\mathrm{T}} \boldsymbol{x},$$
$$\text{s.t.} \ \boldsymbol{A} \cdot \boldsymbol{x} \leqslant \boldsymbol{b}$$
$$\boldsymbol{Aeq} \cdot \boldsymbol{x} = \boldsymbol{beq} \tag{4.2}$$
$$\boldsymbol{lb} \leqslant \boldsymbol{x} \leqslant \boldsymbol{ub}$$

其中，$\boldsymbol{A}$ 和 $\boldsymbol{Aeq}$ 是矩阵；$\boldsymbol{x}$、$\boldsymbol{c}$、$\boldsymbol{b}$、$\boldsymbol{beq}$、$\boldsymbol{lb}$ 和 $\boldsymbol{ub}$ 是列向量（但 MATLAB 允许用行向量）。

一般的线性规划问题很容易转化为形如式（4.2）的线性规划问题：

① 目标函数乘以 -1，可使最大值问题转化成最小值问题，最优解相同，

最优值互为相反数.

② 大于或等于类型的约束乘以 -1，就转换成小于或等于类型约束.

函数 linprog 的语法格式:

(1) x = linprog(c,A,b,Aeq,beq,lb,ub)

输入项 *c*、*A*、*b*、*Aeq*、*beq*、*lb* 和 *ub* 分别是式 (4.2) 当中的向量或矩阵；输出项 *x* 是最优解. 如果某个 x_i 无下界或者无上界，可设定 lb(i) = $-$inf 或 ub(i) = inf.

(2) [x,z,exitflag] = linprog(c,A,b,Aeq,beq,lb,ub,x0)

输出项 *z* 是 *x* 处的最优值，x_0 表示初始点，第三输出项 exitflag，返回一个整数，描述 linprog 结束的原因:

　　1　　目标函数在 *x* 收敛；
　　0　　迭代次数超出 options.MaxIter；
　-2　　问题没有可行解；
　-3　　问题的可行域是无界的，没有最小值；
　-4　　在算法执行过程中遭遇特殊值 NaN；
　-5　　原问题和对偶问题都是不可行的；
　-7　　搜索方向太小，不能计算下去.

(3) [x,z,exitflag,output] = linprog(c,A,b,Aeq,beq,lb,ub,x0,options)

第四输出项 output 返回一个包含优化信息的结构数组，输入项 options 表示优化参数，可选择 3 种算法之一: interior-point、active-set、simplex. options. 缺省时默认算法 interior-point，其他算法选择可通过 optimset 或 optimoptions 完成，如:

```
options = optimoptions(@ linprog,'Algorithm','simplex').
```

(4) [x,z,exitflag,output,lambda] = linprog(c,A,b,Aeq,beq,lb,ub)

第五输出项 lambda 是一个结构数组，包含在最优解处的不同约束类型的拉格朗日乘子（即影子价格）的信息. lambda 具有以下 4 个域:

　　lower　　决策变量的下界限制 lb 对应的拉格朗日乘子列向量；
　　upper　　决策变量的上界限制 ub 对应的拉格朗日乘子列向量；
　　ineqlin　　不等式约束对应的拉格朗日乘子列向量；
　　eqlin　　等式约束对应的拉格朗日乘子列向量.

当某个约束对应的拉格朗日乘子等于 0 时，就说明该约束是无效约束，也就是该约束在最优解 *x* 处不等号严格成立；当某个约束对应的拉格朗日乘子不等于 0 时，就说明该约束是有效约束，也就是该约束在最优解 *x* 处等号严格成立.

无论是输入项还是输出项,从右往左连续缺省的若干项是可以省略的,例如:[x,z] = linprog(c,A,b,Aeq,beq,lb);,输入项的缺省项可以用[ ]表示. 例如,没有等式约束:[x,z] = linprog(c,A,b,[ ],[ ],lb);,输出项不能从中间缺省.

例 4.22 解线性规划问题.

$$\max \quad z = 72x_1 + 64x_2$$
$$\text{s.t.} \quad x_1 + x_2 \leq 50$$
$$12x_1 + 8x_2 \leq 480$$
$$3x_1 \leq 100$$
$$x_1 \geq 0, x_2 \geq 0$$

解:

```
c = [-72,-64];A = [1,1;12,8;3,0];b = [50;480;100];
lb = [0;0];ub = [];      % 或者 ub = [inf,inf]
[x,z] = linprog(c,A,b,[],[],lb,ub)
Optimization terminated.
x =
   20.0000
   30.0000              % 即最优解为(20,30)
z =
  -3.3600e +003
f = -z
f =
 3.3600e +003           % 最优值 3360
```

MATLAB 还带有优化工具箱(Optimization Toolbox),提供了包括线性规划、非线性规划和遗传算法等多种优化算法的优化工具指令 optimtool,在命令窗口直接运行 optimtool,将打开如图 4-4 所示的界面. 该界面提供了优化算法选择及相应的参数设置和运算等的可视方式,如要优化的问题和约束条件等可以通过列表框直接填写,单击"Start"按钮即可开始.

下面用优化工具求解例 4.22. 在命令窗口运行 optimtool,参照图 4-4. 选择填写并运行即可,求解结果与上面相同,命令窗口显示的结果如图 4-5 所示.

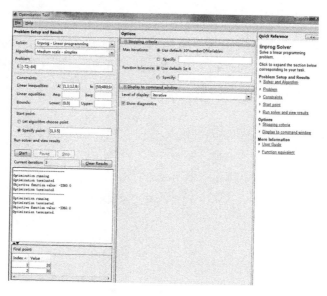

图 4-4　使用优化工具箱

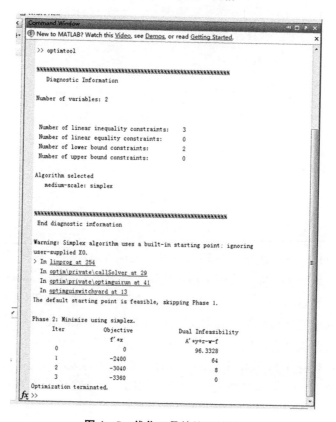

图 4-5　优化工具箱使用结果

4.6.2 无约束规划

实际中许多较复杂的问题都可归结为一个非线性规划问题，即如果目标函数和约束条件中包含非线性函数，则这样的规划问题称为非线性规划问题．解决这类问题要用非线性的方法，但一般说来，解决非线性的问题要比解决线性的问题困难得多，不像线性规划有适用于一般情况的单纯形法．线性规划的可行域一般是一个凸集，如果线性规划存在最优解，则其最优解一定在可行域的边界上达到（特别是在可行域的顶点上达到）．而对于非线性规划，即便存在最优解，也可以在其可行域的任何点达到．因此，对于非线性规划问题，到目前为止还没有一种适用于一般情况的求解方法，现有各种方法都有各自特定的适用范围，为此，这也是一个正处于研究发展中的学科领域．

当问题无约束条件时，称为无约束的非线性规划问题，即为求多元函数的极值问题，一般模型为

$$\min_{x \in R^n} f(x)$$

它的最优解都是局部最优解，全局最优解只能从局部最优解的比较中得到．MATLAB 优化工具箱函数命令：

x = fminbnd('fun',x0,x1)：用于求解一元函数在区间 (x_0, x_1) 的无约束极小化问题，fun 为函数形式的 M－文件（fun.m）的文件名命令．

x = fminunc('fun',x0) 或 x = fminsearch('fun',x0)：求解多元函数的无约束极小化问题，x_0 为迭代的初值．

x = fminunc('fun',x0,options) 或 x = fminsearch('fun',x0,options)：求解多元函数的无约束极小化问题．

fminbnd 和 fminsearch 也可直接定义函数，或用匿名函数方式直接调用，如：@(x)sin(x);．fminsearch 用单纯形法求解，fminunc 的求解方法由 options(6)（方向）和 options(7)（步长）指定．options(6) = 0 为拟牛顿法（BFGS 公式）；options(6) = 1 为拟牛顿法（DFP 公式）；options(6) = 2 为最速下降法；options(7) = 0 为混合的二次和三次多项式插值；options(7) = 1 为三次多项式插值．

例 4.23 求 $f = 2e^{-x}\sin x$ 在 $(0, 8)$ 上的最大值和最小值．

解：

```
f ='2*exp(-x)*sin(x)';
fplot(f,[0,8]);
xmin = fminbnd(f,0,8);
```

```
x = xmin
ymin = eval(f)
f1 = '-2 * exp( -x) * sin(x)';
xmax = fminbnd(f1,0,8);
x = xmax
ymax = eval(f)
x =
3.9270
ymin =
    -0.0279
x =
    0.7854
ymax =
    0.6448
```

即最小值 $f(3.9270)= -0.0279$，最大值 $f(0.7854)=0.6448$.

4.6.3 非线性约束规划

当非线性优化问题有约束条件时，其数学模型为

$$\min \quad f(x)$$
$$\text{s.t.} \quad g_i(x) \geq 0, i = 1,2,\cdots,m$$
$$h_j(x) = 0, j = 1,2,\cdots,l$$

其中，$x = (x_1, x_2, \cdots, x_n)$；$f, g_i, h_j : R^n \to R$.

MATLAB 中对应的标准形式：

$$\min \quad f(\boldsymbol{x})$$
$$\text{s.t.} \quad \boldsymbol{Ax} \leq \boldsymbol{b}, Aeq \cdot \boldsymbol{x} = beq$$
$$c(\boldsymbol{x}) \leq 0, ceq(\boldsymbol{x}) = 0, lb \leq \boldsymbol{x} \leq ub$$

MATLAB 调用格式：

x = fmincon('fun',x0,A,b)：x_0 为迭代初值，约束条件只有线性不等式约束；

[x,fval] = fmincon('fun',x0,A,b,Aeq,beq)：约束中含有线性等式约束；

[x,fval] = fmincon('fun',x0,A,b,Aeq,beq,lb,ub)：变量有下界和上界；

[x,fval] = fmincon('fun',x0,A,b,Aeq,beq,lb,ub,nonlcon)：约束中含有非线性约束；

第 4 章　矩阵代数的 MATLAB 实现　107

[x,fval] = fmincon('fun',x0,A,b,Aeq,beq,lb,ub,nonlcon,options).
options 表示优化参数．可选择 4 种算法之一：active-set、interior-point、sqp 或 trust-region-reflective．options 缺省时，默认算法为 trust-region-reflective，其他算法选择可通过 optimset 或 optimoptions 完成，如：

```
options = optimoptions('fmincon','Algorithm','active-set')
```

非线性约束条件也可写成如下的 m-函数形式（nonlcon.m）：

```
function [c,ceq] = nonlcon(x)
c = c(x);          % 不等式约束 c(x) ≤ 0

ceq = ceq(x);      % 等式约束 ceq(x) = 0
[x,fval] = fmincon(...)同时返回解 x 处的函数值
```

例 4.24　求解
$$\min f(x) = e^{x_1}(4x_1^2 + 2x_2^2 + 4x_1x_2 + 2x_2 + 1)$$
$$\text{s.t.} \quad x_1 + x_2 = 0$$
$$1.5 + x_1x_2 - x_1 - x_2 \leq 0$$
$$-x_1x_2 - 10 \leq 0$$

解：建立函数文件 myfun1.m．

```
function f = myfun1(x)
f = exp(x(1))*(4*x(1)^2 +2*x(2)^2 +4*x(1)*x(2) +2*x(2) +1);
function [c,ceq] = mycon(x)
c = [1.5 +x(1)*x(2) -x(1) -x(2); -x(1)*x(2) -10];
ceq = x(1) +x(2);
```

键入命令：

```
x0 = [-1,1];
options = optimset('Algorithm','active-set');
[x,y] = fmincon(@(x)myfun1(x),x0,[],[],[],[],[],[],@(x)mycon(x),options)
x =
-1.2247    1.2247
```

```
y =
1.8951
```

4.6.4 二次规划

二次规划是非线性规划中一种特殊情形,它的目标函数是二次实函数,约束是线性的.由于二次规划问题比较简单,易于求解,某些非线性规划也可以转化为求解一系列二次规划问题,因此,二次规划算法较早引起人们的重视,成为求解非线性规划的一个重要途径.

二次规划的标准形式为

$$\min \quad f(x) = \frac{1}{2}x^{\mathrm{T}}Hx + fx$$

$$\text{s.t.} \quad Ax \leqslant b, x \geqslant 0 (vlb \leqslant x \leqslant vub)$$

其中,H 为 n 阶对称半正定矩阵.

MATLAB 中对应的标准形式:

$$\min \quad 1/2 \cdot x^{\mathrm{T}} \cdot H \cdot x + f \cdot x$$

$$\text{s.t.} \quad Ax \leqslant b, Aeq \cdot x = beq, lb \leqslant x \leqslant ub$$

MATLAB 调用格式:

x = quadprog(H,f):无约束条件;

[x,fval] = quadprog(H,f,A,b,Aeq,beq):约束中含有线性不等式约束或等式约束;

[x,fval] = quadprog(H,f,A,b,Aeq,beq,lb,ub):变量有下界和上界;

[x,fval,exitflag,output,lambda] = quadprog(H,f,A,b,Aeq,beq,lb,ub,x0,options):x_0 为迭代初值,返回 exitflag 参数,描述计算的退出条件.返回包含优化信息的结构输出 output,返回解 x 处包含拉格朗日乘子的 lambda 结构参数.其中 options 表示优化参数,可选择 3 种算法之一:trust-region-reflective、interior-point-convex、active-setactive-set. options 缺省时,默认算法 trust-region-reflective,其他算法可通过 optimset 或 optimoptions 完成,如:

```
options = optimoptions(@ quadprog,'Algorithm','active-
setactive-set').
```

例 4.25 求解下面的最优化问题:

$$\min \quad f(x) = \frac{1}{2}x_1^2 + x_2^2 - x_1 x_2 - 2x_1 - 6x_2$$
$$\text{s. t.} \quad x_1 + x_2 \leq 2$$
$$-x_1 + 2x_2 \leq 2$$
$$2x_1 + x_2 \leq 3$$
$$0 \leq x_1, 0 \leq x_2$$

解：首先，目标函数可以写成下面的矩阵形式

$$\boldsymbol{H} = \begin{bmatrix} 1 & -1 \\ -1 & 2 \end{bmatrix}, \boldsymbol{f} = \begin{bmatrix} -2 \\ -6 \end{bmatrix}, \boldsymbol{x} = \begin{bmatrix} x_1 \\ x_2 \end{bmatrix}$$

输入下列系数矩阵：

```
H=[1 -1;-1,2];f=[-2;-6];A=[1 1;-1 2;2,1];
b=[2;2;3];lb=zeros(2,1);
```

然后调用二次规划函数 quadprog：

```
[x,fval,exitflag,output,lambda]=quadprog(H,f,A,b,[],
[],lb)
```

得问题的解：

```
    x =
0.6667
        1.3333
    fval =
-8.2222
    exitflag =
1
    output =
iterations:3
algorithm:'medium-scale:active-set'
        firstorderopt:[]
        cgiterations:[]
        Message:'Optimization terminated.'
    lambda =
  lower:[2x1 double]
  upper:[2x1 double]
```

```
eqlin:[0x1 double]
Ineqlin:[3x1 double]
```

第 4 章练习题

1. 已知向量 $\boldsymbol{u} = [2, 1, 5, 2]^\mathrm{T}$ 和矩阵 $\boldsymbol{A} = \begin{pmatrix} 1 & 2 & 3 & 4 \\ 2 & 3 & 4 & 5 \\ 3 & 4 & 5 & 6 \end{pmatrix}$，求：

（1）$\boldsymbol{Au}$；（2）$\boldsymbol{u}^\mathrm{T}\boldsymbol{A}^\mathrm{T}$；（3）$\boldsymbol{A}^\mathrm{T}$；（4）提取第 2 条对角线元素；（5）提取第 2 条对角线以上的元素．

2. 生成以下矩阵：

（1）3×3 零矩阵；（2）3×6 全 1 矩阵；

（3）与矩阵 $\boldsymbol{A}$ 同型的标准形矩阵，其中 $\boldsymbol{A} = \begin{pmatrix} 1 & 3 & 8 \\ 4 & 1 & 6 \\ 3 & 2 & 7 \end{pmatrix}$．

3. 已知方阵 $\boldsymbol{A} = \begin{pmatrix} 3 & 1 & 1 \\ 1 & 3 & 1 \\ 1 & 1 & 3 \end{pmatrix}$，求：

（1）$\boldsymbol{A} + 2\boldsymbol{E}$；（2）$\boldsymbol{A}$ 的每个元素加 2；（3）$\boldsymbol{A}$ 的行列式；（4）$\boldsymbol{A}$ 的逆；（5）把 $\boldsymbol{A}$ 旋转 $90°$；（6）特征值及一组特征向量；（7）$\boldsymbol{A}$ 的迹．

4. 求下列矩阵的行列式、逆、特征值和特征向量．

（1）$\begin{pmatrix} 4 & -1 & 2 \\ 3 & 2 & -6 \\ 1 & -2 & 3 \end{pmatrix}$ （2）$\begin{pmatrix} 1 & 1 & 1 & 1 \\ 1 & 1 & -1 & -1 \\ 1 & -1 & 1 & -1 \\ 1 & -1 & -1 & 1 \end{pmatrix}$

（3）5 阶方阵 $\begin{pmatrix} 5 & 6 & & & \\ 1 & 5 & 6 & & \\ & 1 & 5 & 6 & \\ & & 1 & 5 & 6 \\ & & & 1 & 5 \end{pmatrix}$．

5. 将向量组 $\boldsymbol{\alpha}_1 = [1, 1, 1]$，$\boldsymbol{\alpha}_2 = [1, 2, 2]$，$\boldsymbol{\alpha}_3 = [1, 1, 3]$ 正交规范化．

6. 求一个正交变换 $\boldsymbol{x} = \boldsymbol{P}\boldsymbol{y}$，把二次型

$$f = 2x_1x_2 + 2x_1x_3 - 2x_1x_4 - 2x_2x_3 + 2x_2x_4 + 2x_3x_4$$

化为标准形，写出此标准形．

7. 设多项式 $f(x) = 5x^4 - 2x^3 + 2x^2 - 2$，$g(x) = 2x - 1$，计算它们的乘积及除法，求 $f(x)$ 的所有根．

8. 用二次多项式拟合下列数据：

x	0.1	0.4	0	−0.1	0.25	0.3
y	0.98	0.74	2.08	4.56	1.36	2.23

拟合结果画图比较．

9. 选择一些函数，在 n（如 5~11）个结点上用分段线性和三次样条插值方法，计算 m（如 50~100）个插值点的函数值．通过数值和图形的输出，将两种插值结果与精确值进行比较．适当增加 n，再作比较，由此做初步分析．下列函数供选择参考：

(1) $y = \sin x, 0 \leq x \leq 2\pi$；

(2) $y = (1 - x^2)^{1/2}, -1 \leq x \leq 1$；

(3) $y = \cos^{10} x, -2 \leq x \leq 2$；

(4) $y = e^{-x^2}, -2 \leq x \leq 2$.

10. 画图并求函数 $y = x\sin(x^2 - x - 1)$ 在 (−2, −0.1) 内的零点．

11. 解线性方程组．

(1) $\begin{cases} 4x_1 + x_2 - x_3 = 9 \\ 3x_1 + 2x_2 - 6x_3 = -2 \\ x_1 - 5x_2 + 3x_3 = 1 \end{cases}$，求唯一解；

(2) $\begin{cases} 3x_1 + 4x_2 - 5x_3 + 7x_4 = 3 \\ 2x_1 - 3x_2 + 3x_3 - 2x_4 = 2 \\ 4x_1 + 11x_2 - 13x_3 + 16x_4 = 4 \\ 7x_1 - 2x_2 + x_3 + 3x_4 = 7 \end{cases}$，求通解．

12. 求解线性规划问题：

$\min \quad z = -x_1 - 2x_2 + x_3 - x_4 - 4x_5 + 2x_6$

s.t. $\quad x_1 + x_2 + x_3 + x_4 + x_5 + x_6 \leq 6$

$\quad 2x_1 + x_2 - 2x_3 + x_4 \leq 4$

$\quad x_3 + x_4 + 2x_5 + x_6 \leq 4$

$\quad x_j \geq 0, (j = 1, 2, \cdots, 6)$

13. 求使函数 $f(x) = -5x_1 - 4x_2 - 6x_3$ 取最小值的 x 值，且满足约束条件：

$$x_1 - x_2 + x_3 \leq 20$$
$$3x_1 + 2x_2 + 4x_3 \leq 42$$
$$3x_1 + 2x_2 \leq 30$$
$$x_1 \geq 0, x_2 \geq 0, x_3 \geq 0$$

14. 求解 Rosenbrock 函数 $f(x_1, x_2) = 100(x_2 - x_1^2)^2 + (1 - x_1)^2$ 的极小值，初始点选为 $x_0 = (-1.2, 2)$.

15. 设有 400 万元资金，要求 4 年内使用完，若在一年内使用资金 x 万元，则可得效益 $\sqrt{x}$ 万元（效益不能再使用），当年不用的资金可存入银行，年利率为 10%. 试制订资金的使用计划，以使 4 年效益之和为最大.

16. 解非线性规划问题

$$\max \quad f = x_1 x_2 x_3$$
$$\text{s.t.} \quad -x_1 + 2x_2 + 2x_3 \geq 0$$
$$x_1 + 2x_2 + 2x_3 \leq 72$$
$$10 < x_2 < 20$$
$$x_1 - x_2 = 10$$

17. 求解二次规划

$$\min \quad f(x) = 1.5x_1^2 - x_1 x_2 + x_2^2 + 2x_1 x_3 + 2x_3^2 + x_1 - 3x_2 - 2x_3$$
$$\text{s.t.} \quad 3x_1 - 2x_2 + 5x_3 \leq 4$$
$$-2x_1 + 3x_2 + 2x_3 \leq 3$$
$$x_1, x_2, x_3 \geq 0$$

第5章 微分、积分和微分方程的 MATLAB 实现

MATLAB 有着强大的计算功能，并且对问题的描述和求解符合人们的思维方式和数学表达习惯. 本章将主要介绍 MATLAB 在高等数学问题求解中的应用，包括极限和导数的 MATLAB 求解、积分的 MATLAB 求解、级数计算及常微分方程符号解与数值解.

5.1 极限和导数的 MATLAB 求解

极限的思想和方法是高等数学的基础，而导数是微积分学的重要组成部分. 本节主要介绍使用 MATLAB 实现函数极限与导数的相关运算.

5.1.1 函数极限与间断点的计算

一、函数的极限

当自变量 x 趋于有限数 x_0 时，函数 $f(x)$ 的极限及其左极限和右极限的定义可以分别表述为

$$\lim_{x \to x_0} f(x) = A \Leftrightarrow \forall \varepsilon > 0, \exists \delta > 0, 当 0 < |x - x_0| < \delta 时, 有 |f(x) - A| < \varepsilon$$

$$\lim_{x \to x_0^-} f(x) = A \Leftrightarrow \forall \varepsilon > 0, \exists \delta > 0, 当 x_0 - \delta < x < x_0 时, 有 |f(x) - A| < \varepsilon$$

$$\lim_{x \to x_0^+} f(x) = A \Leftrightarrow \forall \varepsilon > 0, \exists \delta > 0, 当 x_0 < x < x_0 + \delta 时, 有 |f(x) - A| < \varepsilon$$

当自变量 x 趋于无穷大时，函数 $f(x)$ 的极限的定义可以表述为

$$\lim_{x \to \infty} f(x) = A \Leftrightarrow \forall \varepsilon > 0, \exists X > 0, 当 |x| > X 时, 有 |f(x) - A| < \varepsilon$$

对于二元函数 $f(x,y)$，当自变量 (x, y) 趋于 (x_0, y_0) 时，函数 $f(x,y)$ 的极限的定义可以表述为

$$\lim_{(x,y) \to (x_0, y_0)} f(x,y) = A \Leftrightarrow \forall \varepsilon > 0, \exists \delta > 0, 当 0 < \sqrt{(x-x_0)^2 - (y-y_0)^2} < \delta$$

时，有 $|f(x,y) - A| < \varepsilon$

若二重极限 $\lim\limits_{(x,y) \to (x_0, y_0)} f(x,y)$ 存在，则两个二次极限 $\lim\limits_{x \to x_0, y \to y_0} f(x,y)$ 和

$\lim\limits_{y \to y_0, x \to x_0} f(x,y)$ 也存在，且三者相等。

在 MATLAB 中，提供了 limit 函数来求解函数的极限，其调用格式为

```
L = limit(expr, x, x0)
L = limit(expr, x0)
L = limit(expr)
L = limit(expr, x, x0, 'left')
L = limit(expr, x, x0, 'right')
```

其中，L 是返回的极限值；expr 为极限的符号表达式；x 为符号自变量（expr 只含一个符号变量时可省略）；x_0 为极限点（默认值为0），可以是确定的数、符号表达式或无穷大；'left' 和 'right' 分别为左、右单侧极限选项。

例5.1 求下列函数极限：

(1) $\lim\limits_{x \to 0}(1+x)^{\frac{1}{x}}$ (2) $\lim\limits_{x \to y}(1+x)^{\frac{1}{x}}$

(3) $\lim\limits_{x \to \infty}\dfrac{x-1}{y(x+5)}$ (4) $\lim\limits_{y \to \infty}\dfrac{x-1}{y(x+5)}$

(5) $\lim\limits_{x \to 0^+}\dfrac{|x|}{\sin x}$ (6) $\lim\limits_{(x,y) \to (0,0)}\dfrac{xy}{\sqrt{xy+1}-1}$

解：

```
syms x y;  % 声明符号变量 x、y
L1 = limit((1+x)^(1/x))
L1 =
exp(1)
L2 = limit((1+x)^(1/x),y)
L2 =
(y + 1)^(1/y)
L3 = limit((x-1)/(y*(x+5)),x,inf)
L3 =
1/y
L4 = limit((x-1)/(y*(x+5)),y,inf)
L4 =
0
L5 = limit(abs(x)/sin(x),x,0,'right')
L5 =
1
```

```
L6 = limit (limit (x*y/(sqrt (x*y+1) -1), x, 0), y, 0)
L6 =
2
```

此外，也可以借助 MATLAB 强大的绘图功能，通过函数的图形来直观地观察函数的极限. 以 $\lim_{x \to 0^+} |x|/\sin x$ 为例，编写如下语句实现在图形上直观地观察出函数极限：

```
syms x
f = abs (x) /sin (x);
L_l = limit (f, x, 0, 'left');
L_r = limit (f, x, 0, 'right');
plot (-2: 0.001: 2, subs (f, x, -2: 0.001: 2), 'k')
% subs 将 f 中 x 替换为
% -2: 0.001: 2
hold on
plot (xlim, double (L_l) * [1 1], 'k-.')
plot (xlim, double (L_r) * [1 1], 'k-.') % xlim 取 x 轴
                                          % 的端点
plot ([0, 0], ylim, 'k-.')
```

运行结果如图 5-1 所示.

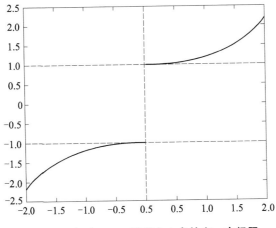

图 5-1 $|x|/\sin x$ 及其在 0 点的左、右极限

二、函数的间断点

如果函数 $f(x)$ 在点 x_0 处满足下列 3 种情形之一：

① 在 $x = x_0$ 处没有定义；

② $\lim\limits_{x \to x_0} f(x)$ 不存在；

③ $\lim\limits_{x \to x_0} f(x)$ 存在，但 $\lim\limits_{x \to x_0} f(x) \neq f(x_0)$.

则称函数 $f(x)$ 在点 x_0 处不连续，而点 x_0 称为 $f(x)$ 的间断点.

间断点一般可以分为：

① 第一类间断点，又可以分为

(i) 可去间断点：$\lim\limits_{x \to x_0^-} f(x) = \lim\limits_{x \to x_0^+} f(x) \neq f(x_0)$；

(ii) 跳跃间断点：$\lim\limits_{x \to x_0^-} f(x)$ 和 $\lim\limits_{x \to x_0^+} f(x)$ 都存在，但 $\lim\limits_{x \to x_0^-} f(x) \neq \lim\limits_{x \to x_0^+} f(x)$.

② 第二类间断点，不是第一类间断点的任何间断点都称为第二类间断点.

可以编写程序用来判断点 x_0 是否是函数 $f(x)$ 的间断点，并给出间断点类型，程序如下：

```matlab
function discon_poi = discontipoint(x0,fl,fx0,fr)
% discontipoint 用来判断函数在某点处的间断点类型
% discon_poi:间断点类型:第一类(可去)间断点、第一类(跳跃)间
% 断点、第二类间断点、非间断点
% x0:给定的点
% fl:x < x0 时的函数表达式
% fxo:x = x0 时的函数表达式
% fr:x > x0 时的函数表达式

fx0_l = limit(fl,'x',x0,'left');    % 求函数在点 x0 处的左极限
fx0_r = limit(fr,'x',x0,'right');   % 求函数在点 x0 处的左极限

if ~isempty(fx0) && isequal(fx0,fx0_l) && ...
   isequal(fx0_l,fx0_r)             % 函数在点 x0 处有定义,且
                                    % 函数值等于左右极限
    discon_poi = '非间断点';
else
```

```
        if isnan(fx0_l) || isnan(fx0_r) ||
isinf(double(fx0_l))...
            || isinf(double(fx0_r))          % 左右极限至少一个
                                             % 不存在或为无穷
            discon_poi ='第二类间断点';
        elseif ~isequal(fx0_l,fx0_r)         % 左右极限存在但不
                                             % 相等
            discon_poi ='第一类(跳跃)间断点';
        else
            discon_poi ='第一类(可去)间断点';
        end
    end
```

通过调用上述函数文件即可判定函数的间断点类型.

例 5.2 判定下列函数间断点的类型.

(1) $f(x)=\sin\dfrac{1}{x}, x\neq 0$

(2) $f(x)=\begin{cases} x-1, & x<0 \\ 1, & x=0 \\ x+1, & x>0 \end{cases}$

(3) $f(x)=\begin{cases} |x|, & x\neq 0 \\ 1, & x=0 \end{cases}$

(4) $f(x)=\begin{cases} \dfrac{2}{x^2}(1-\cos x), & x<0 \\ 1, & x=0 \\ \dfrac{1}{x}\displaystyle\int_0^x \cos t^2\,\mathrm{d}t, & x>0 \end{cases}$

解:

```
syms x t
discontipoint(0,sin(1/x),[],sin(1/x))
ans =
第二类间断点
discontipoint(0,x-1,1,x+1)
ans =
第一类(跳跃)间断点
discontipoint(0,abs(x),1,abs(x))
ans =
第一类(可去)间断点
```

```
discontipoint(0,2/x^2*(1-cos(x)),1,int(cos(t^2),…
0,x)/x)
ans =
非间断点
```

5.1.2 函数导数与极值的计算

一、函数的导数

函数 $y=f(x)$ 在点 x_0 处的导数定义为：

$$f'(x_0) = \lim_{\Delta x \to 0}\frac{\Delta y}{\Delta x} = \lim_{\Delta x \to 0}\frac{f(x_0+\Delta x)-f(x_0)}{\Delta x}$$

函数 $u=f(x,y)$ 在点 (x_0,y_0) 处关于 x 的偏导数定义为：

$$f_x(x_0,y_0) = \lim_{\Delta x \to 0}\frac{\Delta_x u}{\Delta x} = \lim_{\Delta x \to 0}\frac{f(x_0+\Delta x,y_0)-f(x_0,y_0)}{\Delta x}$$

类似地，函数 $u=f(x,y)$ 在点 (x_0,y_0) 处关于 y 的偏导数定义为：

$$f_y(x_0,y_0) = \lim_{\Delta y \to 0}\frac{\Delta_y u}{\Delta y} = \lim_{\Delta y \to 0}\frac{f(x_0,y_0+\Delta y)-f(x_0,y_0)}{\Delta y}$$

在 MATLAB 中，提供了函数 diff 来求解函数的导数，其调用格式为

```
D = diff(fx,x)
D = diff(fx,x,n)
```

其中，D 是所求的导数；f_x 是函数的符号表达式；x 是符号变量（f_x 只含一个符号变量时可省略）；n 是求导的阶数（默认值为 1）。

例 5.3　求下列函数的一阶（偏）导数

(1) $y = \cot x$ 　　　　　　(2) $y = 5tx^3 - 2^{tx}$

(3) $y = (xe^{x^2})'$ 　　　　　(4) $y = \dfrac{\partial(t\cos x)}{\partial t}$

解：

```
syms x t
D1 = diff(cot(x))
D1 =
 - cot(x)^2 - 1
D21 = diff(5*t*x^3-2^(t*x),x)
```

```
D21 =
15*t*x^2 - 2^(t*x)*t*log(2)
D22 = diff(5*t*x^3 -2^(t*x),t)
D22 =
5*x^3 - 2^(t*x)*x*log(2)
D3 = diff(x*exp(x^2),2)
D3 =
6*x*exp(x^2) + 4*x^3*exp(x^2)
D41 = diff(diff(t*cos(x),t),x)
D41 =
-sin(x)
D42 = diff(diff(t*cos(x),t),t)
D42 =
0
```

例 5.4 作曲线 $f(x) = 2x^3 + 3x^2 - 4x + 1$ 的图形和其在 $x = -1$ 处的切线.

解：

```
syms x
Y = 2*x^3 +3*x^2 -4*x +1;
D = diff(2*x^3 +3*x^2 -4*x +1);
x = -1;
y0 = eval(Y);
d0 = eval(D);    % eval 表示将 x 值代入函数表达式
x = -2:0.1:2;
y = 2*x.^3 +3*x.^2 -4*x +1;
l = d0*(x +1) +y0;
plot(x,y,'k-',x,l,'k-.')
legend('y = f(x)',strcat('y =',num2str(d0),
'(x +1)',' +', …num2str(y0)))
```

运行结果如图 5-2 所示.

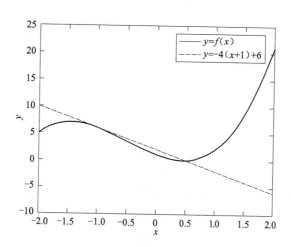

图 5-2 函数图形及其切线

二、函数的极值

设函数 $f(x)$ 在点 x_0 的某邻域 $U(x_0)$ 内有定义,如果对于去心邻域 $\overset{\circ}{U}(x_0)$ 内的任一 x,有

$$f(x) < f(x_0) \quad (\text{或 } f(x) > f(x_0))$$

那么就称 $f(x_0)$ 是函数 $f(x)$ 的一个极大值(或极小值),x_0 为函数 $f(x)$ 的一个极大值点(或极小值点).

例 5.5 求函数 $f(x) = x^3 - 2x^2 + 5x - 1$ 的极值.

解:步骤如下.

① 先用 diff 函数求 $f(x)$ 的导函数 $f'(x)$;
② 再用 solve 函数求导函数 $f'(x)$ 的零点,即函数 $f(x)$ 的驻点;
③ 最后用 fplot 函数绘制 $f(x)$ 的曲线,判断驻点是否为极值点.
编写如下语句:

```
syms x
dy = diff(x^3 - x^2 - 6*x + 7);
x = solve(dy);
x0 = double(x);
y0 = x0.^3 - x0.^2 - 6*x0 + 7;
fplot('x^3 - x^2 - 6*x + 7',[min(x0) - 1,max(x0) + 1])
hold on
plot(x0,y0,'r*')
for i = 1:length(x0)
```

第5章 微分、积分和微分方程的MATLAB实现

```
        plot(x0(i)*[1 1],[min(ylim),y0(i)],'k-.')
        text(x0(i)-0.5,y0(i)+0.5,['(' num2str(x0(i)) ','...
           num2str(y0(i)) ')']);
end
```

运行结果如图5-3所示.

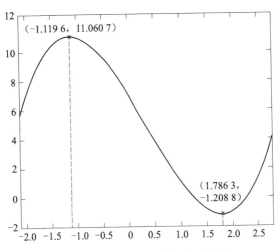

图5-3 函数图形及其极值点坐标

此外，MATLAB优化工具箱中提供了函数fminbnd用于求函数在给定区间上的最小值，其一般调用格式为

```
[x,fval,exitflag,output] = fminbnd(fun,x1,x2)
```

这里，fun为函数的符号表达式；x_1和x_2是区间端点；x是所求得的最小值点；fval是相应的函数最小值；exitflag为结束标志（>0时表示计算结果收敛到最优解x，=0时表示迭代次数超过允许最大次数，<0时表示计算结果没有收敛）；output为求解过程的一些信息（迭代次数、算法等）.

例5.6 求函数$f(x) = \dfrac{x^3 + x^2 + 2}{e^x + e^{-x}}$在区间[-5,5]上的最大值和最小值.

解：

```
fm ='(x^3 +x^2 +2)/(exp(x) +exp(-x))';
fM ='-(x^3 +x^2 +2)/(exp(x) +exp(-x))';
```

```
[x_m,y_m,flag] = fminbnd(fm, -5,5);   % 计算最小值点
[x_M,y_M,flag] = fminbnd(fM, -5,5);   % 计算最大值点
y_M = -y_M;
fplot('(x^3 +x^2 +2)/(exp(x) +exp( -x))',[ -5,5])
hold on
plot(x_m,y_m,'r*',x_M,y_M,'r*')
plot(x_m*[1 1],[min(ylim),y_m],'k-.')
text(x_m -0.5,y_m +0.5,['(' num2str(x_m) ',…
'num2str(y_m) ')' ] );
plot(x_M*[1 1],[min(ylim),y_M],'k-.')
text(x_M -0.5,y_M -0.5,['(' num2str(x_M) ',…
'num2str(y_M) ')' ] );
```

运行结果如图 5 - 4 所示.

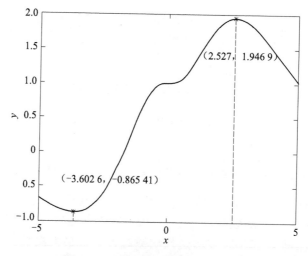

图 5 - 4　函数图形及其最值点坐标

5.2　积分的 MATLAB 求解

在上一节中，介绍了如何求一个函数的导函数问题，但在科学技术的许多实际问题中，往往需要寻求一个可导函数，使它的导函数等于已知函数，也就是求积分. 本节将主要介绍定积分、重积分、曲线积分和曲面积分的 MATLAB 求解.

5.2.1 定积分计算

函数$f(x)$在区间$[a,b]$上的定积分定义为

$$\int_a^b f(x)\,dx = \lim_{\lambda \to 0}\sum_{i=1}^n f(\xi_i)\Delta x_i$$

其中，$a = x_0 < x_1 < \cdots < x_{n-1} < x_n = b$；$\Delta x_i = x_i - x_{i-1}$；$\xi_i \in (x_{i-1}, x_i)$，$i = 1$，$2$，$\cdots$，$n$；$\lambda = \max\limits_{1 \leq i \leq n}\{\Delta x_i\}$.

设函数$F(x)$是$f(x)$在区间$[a,b]$上的一个原函数，则由牛顿－莱布尼兹公式知

$$\int_a^b f(x)\,dx = F(b) - F(a)$$

1. 定积分符号解

MATLAB 符号运算工具箱提供了 int 函数来求函数的定积分，该函数的调用格式为

```
I = int(fx, x, a,b)
```

其中，f_x是函数的符号表达式；x是符号自变量（f_x只含一个符号变量时可省略）；a和b分别是积分的积分下限和积分上限.

例 5.7 求下列定积分.

(1) $\int_0^1 \dfrac{1}{1+x^2}dx$ (2) $\int_0^2 f(x)\,dx$，其中$f(x) = \begin{cases} x+1, & x \leq 1 \\ 2x^2, & x > 1 \end{cases}$

(3) $\int_{-1}^1 (x+y^2)\,dy$ (4) $\int_0^1 e^{-x^2}\,dx$

解：

```
syms x y
I1 = int(1/(1 +x^2),0,1)
I1 =
pi/4
I2 = int(x +1,0,1) + int(2*x^2,1,2)
I2 =
37/6
I3 = int(x +y^2,y, -1,1)
I3 =
2*x + 2/3
I4 = int(exp( -x^2),0,1)
```

```
I4 =
(pi^(1/2)*erf(1))/2
```

注意：上述结果中出现了 erf 函数，其数学定义为

$$\operatorname{erf}(x) = \frac{2}{\sqrt{\pi}} \int_0^x e^{-t^2} dt$$

2. 定积分数值解

当被积函数的原函数不能用初等函数表达时，无法利用牛顿-莱布尼兹公式计算定积分，此时引入数值方法来计算定积分的近似值. 求解定积分的常用数值方法如下.

中点矩形公式：

$$\int_a^b f(x) dx \approx \frac{b-a}{n} \left(f\left(\frac{x_0+x_1}{2}\right) + f\left(\frac{x_1+x_2}{2}\right) + \cdots + f\left(\frac{x_{n-1}+x_n}{2}\right) \right)$$

梯形公式：

$$\int_a^b f(x) dx \approx \frac{b-a}{n} \left(\frac{f(x_0)}{2} + f(x_1) + \cdots + f(x_{n-1}) + \frac{f(x_n)}{2} \right)$$

抛物线公式：

$$\int_a^b f(x) dx \approx \frac{b-a}{6n} \{ f(x_0) + f(x_{2n}) + 4[f(x_1) + f(x_3) + \cdots + f(x_{2n-1})] + 2[f(x_2) + f(x_4) + \cdots + f(x_{2n-2})] \}$$

其中，$x_0 = a$；$x_i = a + \frac{b-a}{n}i$，$i = 1, 2, \cdots, n$，为区间 $[a, b]$ 的 n 个等分点.

例 5.8 用中点矩形公式求定积分 $\int_0^1 e^{-x^2} dx$ 的近似值（取 $n = 100$）.

解：

```
n=1000;a=0;b=1;
xi=a+(b-a)/(2*n):(b-a)/n:b-(b-a)/(2*n);
fxi=(b-a)/n*exp(-xi.^2);
I=sum(fxi)
I =
0.7468
```

MATLAB 自身提供了很多求解数值积分的专用函数，常用的如下.

trapz 函数：该函数是基于梯形公式设计编写的，其一般调用格式为

```
I=trapz(x,fx)
```

其中，x 是由分割节点组成的行向量或列向量；y 为被积函数在对应节点上的函数值组成的向量；I 是返回的数值积分.

quad 函数：该函数是基于抛物线公式设计编写的，其一般调用格式为：
```
I = quad(fx,a,b,tol)
```
其中，f_x 是被积函数的字符表达式、内联函数、匿名函数或 M 函数；a 和 b 分别是积分下限和积分上限；tol 是指定的误差限（默认值为10^{-6}）；I 是返回的数值积分.

quadl 函数：该函数使用递归自适应 Lobatto 算法，其调用格式与 quad 函数完全一致，不再赘述.

例 5.9 已知阻尼正弦波函数为

$$f(t,x) = \frac{e^{-xt}}{\cos \alpha}\cos(t\sqrt{1-x^2} + \alpha)$$

其中，$\alpha = \arctan \dfrac{-x}{\sqrt{1-x^2}}$，试求积分 $I = \int_0^{20} f(t,0.1)\,dt$.

解：
（1）符号积分法

```
syms t x alpha
f = exp(-x*t)*cos(t*sqrt(1-x^2)+alpha)…
 /cos(alpha);
y = subs(f,alpha,atan(-x/sqrt(1-x^2)));
I = int(y,t,0,20);
I_int = subs(I,0.1)
I_int =
    0.3022
```

（2）数值积分法（梯形公式）

```
t = 0:0.001:20;x = 0.1;
alpha = atan(-x/sqrt(1-x^2));
f = exp(-x*t).*cos(t*sqrt(1-x^2)+alpha)…
 /cos(alpha);
I_trapz = trapz(t,f)
I_trapz =
    0.3022
```

(3) 数值积分法(抛物线公式)

```
syms t x alpha
alpha = @(x)atan(-x/sqrt(1-x^2));   % 建立 alpha 关于 x
                                     % 的匿名函数
f = @(x,t)exp(-x*t).*cos(t*sqrt(1-x^2)+…
alpha(x))/cos(alpha(x));
I_quad = quad(f(0.1),0,20)
I_quad =
    0.3022
```

5.2.2 二重积分与三重积分计算

一、二重积分

函数 $f(x,y)$ 在有界闭区域 D 上的二重积分定义为

$$\iint_D f(x,y)\,\mathrm{d}x\mathrm{d}y = \lim_{\lambda \to 0}\sum_{i=1}^n f(\xi_i,\eta_i)\Delta\sigma_i$$

其中,$\Delta\sigma_1,\Delta\sigma_2,\cdots,\Delta\sigma_n$ 是由区域 D 任意分割成的 n 个小闭区域,同时也表示它们的面积;$(\xi_i,\eta_i)\in\Delta\sigma_i, i=1,2,\cdots,n$;$\lambda = \max_{1\leqslant i\leqslant n}\{\Delta\sigma_i\}$.

设积分区域 D 可以用不等式

$$\varphi_1(x)\leqslant y\leqslant\varphi_2(x),a\leqslant x\leqslant b$$

来表示(如图 5-5 (a) 所示),则上述二重积分可以化为如下累次积分

$$\iint_D f(x,y)\,\mathrm{d}x\mathrm{d}y = \int_a^b\left[\int_{\varphi_1(x)}^{\varphi_2(x)}f(x,y)\,\mathrm{d}y\right]\mathrm{d}x$$

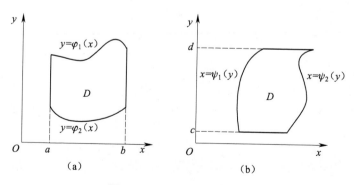

图 5-5 X 型和 Y 型区域

类似地，如果积分区域 D 可以用不等式
$$\psi_1(y) \leq x \leq \psi_2(y), c \leq y \leq d$$
来表示（如图 5-5（b）所示），则上述二重积分可以化为如下累次积分
$$\iint\limits_D f(x,y)\mathrm{d}x\mathrm{d}y = \int_c^d \left[\int_{\psi_1(y)}^{\psi_2(y)} f(x,y)\mathrm{d}x\right]\mathrm{d}y$$

1. 二重积分符号解

将二重积分化为累次积分后，可以通过嵌套调用 MATLAB 提供的 int 函数来求解二重积分.

例 5.10 求下列二重积分.

① $\iint\limits_D x^2 \mathrm{d}x\mathrm{d}y$，其中 D 是由抛物线 $y=x^2$ 和 $y=2-x^2$ 所围成的区域；

② $\iint\limits_D \sqrt{1-\dfrac{x^2}{a^2}-\dfrac{y^2}{b^2}}\mathrm{d}x\mathrm{d}y$，其中 D 是由椭圆 $\dfrac{x^2}{a^2}+\dfrac{y^2}{b^2}=1$ 所围成的区域，$a>0, b>0$.

解：

① 首先，绘制积分区域 D.

```
X = double(solve('x^2 -(2 -x^2)'));
fplot('[x^2,(2 -x^2)]',[min(X) -0.5 max(X) +0.5 ])
text(0,2.2,'y = x^2')
text(0, -0.2,'y = 2 -x^2')
```

运行结果如图 5-6 所示.

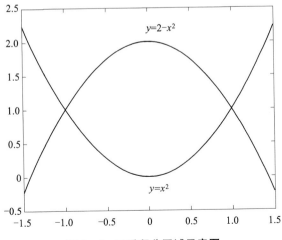

图 5-6 二重积分区域示意图

然后，观察积分区域示意图，可知积分区域为
$$D = \{(x,y) \mid -1 \leq x \leq 1, 2-x^2 \leq y \leq x^2\}$$
最后，计算该二重积分：

```
I1 = int(int(x^2,y,x^2,2 - x^2),x,min(X),max(X))
I1 =
8/15
```

② 若直接在直角坐标系中计算该二重积分比较麻烦，考虑做如下广义极坐标变换
$$\begin{cases} x = ar\cos\theta \\ y = br\sin\theta \end{cases}$$
其中，$r \geq 0$；$0 \leq \theta \leq 2\pi$。在该变换下，积分区域化为
$$D' = \{(r,\theta) \mid 0 \leq r \leq 1, 1 \leq \theta \leq 2\pi\}$$
编写如下语句计算该二重积分：

```
syms rho theta a b;
x = a*rho*cos(theta);
y = b*rho*sin(theta);
% 计算 x、y 关于 rho、alpha 的 Jacobian 矩阵
J = jacobian([x;y],[rho,theta]);
f = sqrt(1 - x^2/a^2 - y^2/b^2);
I2 = int(int(f*det(J),rho,0,1),theta,0,2*pi)
I2 =
(2*pi*a*b)/3
```

2. 二重积分数值解

MATLAB 提供了函数 quad2d 来计算一般区域上二重积分的数值解，该函数的调用格式为

```
I = quad2d(fun,a,b,c,d,param1,val1,param2,val2,...)
```

其中，fun 是被积函数的符号表达式、内联函数、匿名函数或 M 函数；$[a,b] \times [c(x),d(x)]$ 构成积分区域；param1，val1，param2，val2，…是可选的参数名及参数值；I 是返回的数值积分值。

例 5.11 求解二重积分 $\iint_D (x^2 + y^2 - 0.25)\mathrm{d}x\mathrm{d}y$，其中 D 是由单位圆 $x^2 + y^2 \leq 1$ 所围成的区域。

解: 积分区域 D 为
$$D = \{(x,y) \mid -1 \leq x \leq 1, -\sqrt{1-x^2} \leq y \leq \sqrt{1-x^2}\}$$

(1) 符号积分法

```
syms x y
I1 = int(int(x^2 +y^2 -0.25,y,-sqrt(1 -x^2),…
sqrt(1 -x^2)),x,-1,1)
I1 =
pi/4
```

(2) 数值积分法

```
f = @ (x,y)x.^2 +y.^2 -0.25;
c = @ (x) -sqrt(1 -x.^2);
d = @ (x)sqrt(1 -x.^2);
I = quad2d(f,-1,1,c,d,'AbsTol',1e -8)
% 绝对容差为1e -8
I =
    0.7854
```

二、三重积分

函数 $f(x, y, z)$ 在空间有界闭区域 Ω 上的三重积分定义为

$$\iiint_\Omega f(x,y,z)\,\mathrm{d}x\mathrm{d}y\mathrm{d}z = \lim_{\lambda \to 0} \sum_{i=1}^{n} f(\xi_i, \eta_i, \zeta_i)\Delta v_i$$

其中, $\Delta v_1, \Delta v_2, \cdots, \Delta v_n$ 是由区域 Ω 任意分割成的 n 个小闭区域, 同时也表示它们的体积; $(\xi_i, \eta_i, \zeta_i) \in \Delta v_i$, $i = 1,2,\cdots,n$; $\lambda = \max_{1 \leq i \leq n} \{\Delta v_i\}$.

1. 三重积分符号解

与二重积分类似, 可以将三重积分化为累次积分后, 通过嵌套调用 MATLAB 提供的 int 函数来求解三重积分.

例 5.12 计算三重积分 $\iiint_\Omega x\,\mathrm{d}x\mathrm{d}y\mathrm{d}z$, 其中 Ω 由曲面 $z = xy$、平面 $x + y + z = 1$ 及平面 $z = 0$ 所围成.

解:

首先, 绘制积分区域 Ω:

```
[x,y] = meshgrid(linspace(0,1,30));
surf(x,y,x.*y)
hold on
```

```
surf(x,y,1-x-y)
surf(x,y,zeros(size(x)))
view([45,15])
```

运行结果如图 5-7 所示.

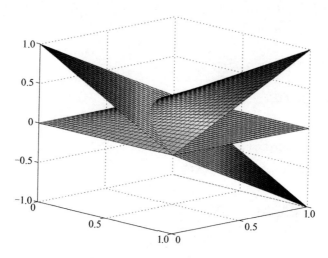

图 5-7 三重积分区域示意图

然后，观察积分区域示意图，可以发现积分区域为

$$\Omega = \left\{0 \le x \le 1, 0 \le y \le \frac{1-x}{1+x}, 0 \le z \le xy\right\} \cup \left\{0 \le x \le 1, \frac{1-x}{1+x} \le y \le 1-x, 0 \le z \le 1-x-y\right\}$$

最后，计算三重积分：

```
syms x y z
I1 = int(int(int(x,z,0,x*y),y,0,(1-x)/(1+x)),…
x,0,1);
I2 = int(int(int(x,z,0,1-x-y),y,(1-x)/(1+x),…
1-x),x,0,1);
I = simple(I1 + I2)    % simple 用来对符号函数进行化简
I =
log(4) - 11/8
```

例 5.13 计算三重积分 $\iiint\limits_{\Omega} z \, dx \, dy \, dz$，其中 Ω 为曲面 $\left(\dfrac{x}{a} + \dfrac{y}{b}\right)^2 + \left(\dfrac{z}{c}\right)^2 = 1$ 在第一卦限的部分，其中，$a > 0$，$b > 0$，$c > 0$.

解:

(1) 直角坐标系法

$$\Omega = \left\{ (x,y,z) \mid 0 \leqslant x \leqslant a, 0 \leqslant y \leqslant \frac{b}{a}(a-x), 0 \leqslant z \leqslant \sqrt{1-\left(\frac{x}{a}+\frac{y}{b}\right)^2} \right\}$$

```
syms x y z a b c
I1 = int(int(int(z,z,0,c*sqrt(1-(x/a+y/b)^2)),
y,0,...
    b/a*(a-x)),x,0,a)
I1 =
(a*b*c^2)/8
```

(2) 广义柱坐标系法

令 $x = ar\cos\theta$, $y = br\sin\theta$, $z = z$, 则

$$\Omega = \left\{ (\theta,r,z) \mid 0 \leqslant \theta \leqslant \frac{\pi}{2}, 0 \leqslant r \leqslant \frac{1}{\sin\theta+\cos\theta}, 0 \leqslant z \leqslant c\sqrt{1-r^2(\sin\theta+\cos\theta)^2} \right\}$$

```
syms theta r z a b c
x = a*r*cos(theta);
y = b*r*sin(theta);
J = det(jacobian([x;y;z],[z,r,theta]));
I2 = int(int(int(z*J,z,0,c*sqrt(1-r^2*...
(sin(theta)+cos(theta))^2)),r,0,1/(sin(theta)+...
cos(theta))),theta,0,pi/2)
I2 =
(a*b*c^2)/8
```

(3) 广义球坐标系法

令 $x = ar\sin\varphi\cos\theta$, $y = br\sin\varphi\sin\theta$, $z = z$, 则

$$\Omega = \left\{ (\theta,\varphi,r) \mid 0 \leqslant \theta \leqslant \frac{\pi}{2}, 0 \leqslant \varphi \leqslant \frac{\pi}{2}, 0 \leqslant r \leqslant \frac{1}{\sqrt{\sin^2\varphi\sin 2\theta+1}} \right\}$$

```
syms theta phi r a b c
x = a*r*sin(phi)*cos(theta);
y = b*r*sin(phi)*sin(theta);
z = c*r*cos(phi);
J = det(jacobian([x;y;z],[r,phi,theta]));
```

```
I3 = int(int(int(z*J,r,0,1/sqrt(sin(phi)^2*…
sin(2*theta)+1)),phi,0,pi/2),theta,0,pi/2)
I3 =
(a*b*c^2)/8
```

2. 三重积分数值解

MATLAB 提供了函数 triplequad 来求解长方体区域上三重积分的数值解,该函数调用格式为

```
I = triplequad(fun,a,b,c,d,e,f,tol,method)
```

其中,fun 是被积函数的字符表达式、内联函数、匿名函数或 M 函数;$[a,b] \times [c,d] \times [e,f]$ 构成长方体积分区域;tol 是指定的误差限(默认值为 10^{-6});method 为选择使用的求解一元定积分的数值函数(默认为@quadl,也可以选择@quad,甚至是用户自己编写的数值积分求解函数);I 是返回的数值积分值。

例 5.14 计算三重积分 $\int_{-1}^{1}\int_{0}^{1}\int_{0}^{\pi}(y\sin x + z\cos x)\mathrm{d}x\mathrm{d}y\mathrm{d}z$。

解:

```
f = @(x,y,z)y*sin(x)+z*cos(x);
I = triplequad(f,0,pi,0,1,-1,1)
I =
    2.0000
```

MATLAB 目前没有提供专门的用来求解一般区域上三重积分数值解的函数,但是可以将三重积分化为累次积分后,通过嵌套调用 quad 和 quad2d 函数来求解三重积分的数值解。现分别给出三重积分相应的三种累次积分形式的 MATLAB 语句格式,见表 5-1。

表 5-1 一般区域上三重积分的数值求解方法

方法	累次积分形式	MATLAB 语句格式

先一后二	$\iint_{D_{xy}}\left[\int_{z_1(x,y)}^{z_2(x,y)} f(x,y,z)\mathrm{d}z\right]\mathrm{d}x\mathrm{d}y$	`F = @(x,y)quad(@(z)f(x,y,z),z_1(x,y), z_2(x,y))`
		`I = quad2d(@(x,y)arrayfun(F,x,y),x_1, x_2,…`
		`@(x)y_1(x),@(x)y_2(x))`

第5章 微分、积分和微分方程的MATLAB实现

续表

方法	累次积分形式	MATLAB 语句格式
先二后一	$\int_{x_1}^{x_2}\left[\iint_{D_{yz}}f(x,y,z)\mathrm{d}y\mathrm{d}z\right]\mathrm{d}x$	F=@(x)quad2d(@(y,z)f(x,y,z),y_1(x),y_2(x),…@(y)z_1(x,y),@(y)z_2(x,y)) I=quad(@(x)arrayfun(F,x),x_1,x_2)
三次定积分	$\int_{x_1}^{x_2}\left\{\int_{y_1(x)}^{y_2(x)}\left[\int_{z_1(x,y)}^{z_2(x,y)}f(x,y,z)\mathrm{d}z\right]\mathrm{d}y\right\}\mathrm{d}x$	F=@(x,y)quad(@(z)f(x,y,z),z_1(x,y),z_2(x,y)) G=@(x)quad(@(y)arrayfun(@(y)F(x,y),y),y_1(x),y_2(x)) I=quad(@(x)arrayfun(G,x),x_1,x_2)

注:arrayfun(fun,s) 用于将函数操作 fun 用于数组 s 中的每一个元素.

例 5.15 计算三重积分 $\iiint_{\Omega}z\mathrm{d}x\mathrm{d}y\mathrm{d}z$ 的数值解,其中 Ω 为曲面 $\left(\dfrac{x}{2}+\dfrac{y}{3}\right)^2+\left(\dfrac{z}{4}\right)^2=1$ 在第一卦限的部分.

解:

(1) 先一后二

```
F=@(x,y)quad(@(z)z,0,4*sqrt(1-(x/2+y/3).^2));
I1=quad2d(@(x,y)arrayfun(F,x,y),0,2,0,@(x)3*…
(1-x/2))
I1=
    12.0000
```

(2) 先二后一

```
F=@(x)quad2d(@(y,z)z,0,3*(1-x/2),0,@(y)4*…
sqrt(1-(x/2+y/3).^2));
I2=quad(@(x)arrayfun(F,x),0,2)
I2=
    12.0000
```

(3) 三次定积分

```
F = @ (x,y)quad(@ (z)z,0,4 * sqrt(1 -(x/2 +y/3).^2));
G = @ (x)quad(@ (y)arrayfun(@ (y)F(x,y),y),0,3 * …
(1 -x/2));
I3 = quad(@ (x)arrayfun(G,x),0,2)
I3 =
    12
```

5.2.3 曲线积分与曲面积分计算

一、曲线积分

函数 $f(x,y)$ 在曲线弧 L 上的第一类曲线积分定义为

$$\int_L f(x,y)\mathrm{d}s = \lim_{\lambda \to 0} \sum_{i=1}^{n} f(\xi_i, \eta_i) \Delta s_i$$

其中，$\Delta s_1, \Delta s_2, \cdots, \Delta s_n$ 为曲线弧被任意分割成的 n 个小弧段的弧长；$\lambda = \max_{1 \leq i \leq n}\{\Delta s_i\}$，$(\xi_i, \eta_i)$ 为第 i 个小弧段上任意取定的一点（$i = 1, 2, \cdots, n$）。

设 $f(x,y)$ 在曲线弧 L 上有定义且连续，L 的参数方程为

$$x = \varphi(t), y = \psi(t), (\alpha \leq t \leq \beta)$$

其中，$\varphi(t)$、$\psi(t)$ 在 $[\alpha, \beta]$ 上具有一阶连续导数，且 $\varphi'^2(t) + \psi'^2(t) \neq 0$，则

$$\int_L f(x,y)\mathrm{d}s = \int_\alpha^\beta f[\varphi(t), \psi(t)] \sqrt{\varphi'^2(t) + \psi'^2(t)}\mathrm{d}t (\alpha < \beta)$$

上述公式可以推广到空间曲线 Γ 由参数方程

$$x = \varphi(t), y = \psi(t), z = \omega(t), (\alpha \leq t \leq \beta)$$

给出的情形，这时有

$$\int_\Gamma f(x,y,z)\mathrm{d}s = \int_\alpha^\beta f[\varphi(t), \psi(t), \omega(t)] \sqrt{\varphi'^2(t) + \psi'^2(t) + \omega'^2(t)}\mathrm{d}t (\alpha < \beta)$$

根据上述求曲线积分公式，可以利用 MATLAB 提供的求导函数 diff 和求定积分函数 int 来求解第一类曲线积分。

例 5.16 计算曲线积分 $\int_\Gamma (x^2 + y^2 + z^2)\mathrm{d}s$，其中 Γ 是螺旋线：$x = a\cos t$，$y = a\sin t$，$z = kt$，在 $0 \leq t \leq 2\pi$ 之间的一段弧。

解：

```
syms x y z a t k
x=a*cos(t);y=a*sin(t);z=k*t;
f=x^2+y^2+z^2;
dx=diff(x,t);dy=diff(y,t);dz=diff(z,t);
I=int(f*sqrt(dx^2+dy^2+dz^2),t,0,2*pi)
I =
(2*pi*(3*a^2 + 4*pi^2*k^2)*(a^2 + k^2)^(1/2))/3
```

函数 $P(x,y)$ 在有向曲线弧 L 上的对坐标 x 的曲线积分定义为

$$\int_L P(x,y)\mathrm{d}x = \lim_{\lambda\to 0}\sum_{i=1}^n P(\xi_i,\eta_i)\Delta x_i$$

其中，$M_1(x_1,y_1),M_2(x_2,y_2),\cdots,M_{n-1}(x_{n-1},y_{n-1})$ 是将 L 分割成 n 个有向小弧段的任意点列；$\Delta x_i = x_i - x_{i-1}$；$\Delta y_i = y_i - y_{i-1}$；$\lambda$ 为各小弧段长度的最大值；(ξ_i,η_i) 为第 i 个有向小弧段上任意取定的一点（$i=1,2,\cdots,n$）。

类似地，函数 $Q(x,y)$ 在有向曲线弧 L 上的对坐标 y 的曲线积分定义为

$$\int_L Q(x,y)\mathrm{d}y = \lim_{\lambda\to 0}\sum_{i=1}^n Q(\xi_i,\eta_i)\Delta y_i$$

以上两个积分也称为第二类曲线积分，应用上经常将两者合并起来写成

$$\int_L P(x,y)\mathrm{d}x + \int_L Q(x,y)\mathrm{d}y = \int_L P(x,y)\mathrm{d}x + Q(x,y)\mathrm{d}y$$

设 $P(x,y)$、$Q(x,y)$ 在有向曲线弧 L 上有定义且连续，L 的参数方程为

$$x=\varphi(t), y=\psi(t)$$

当参数 t 由 α 单调地变到 β 时，点 $M(x,y)$ 从 L 的起点沿着 L 运动到终点，$\varphi(t)$、$\psi(t)$ 在 α 和 β 为端点的闭区间上具有一阶连续导数，且 $\varphi'^2(t)+\psi'^2(t)\neq 0$，则

$$\int_L P(x,y)\mathrm{d}x + Q(x,y)\mathrm{d}y = \int_\alpha^\beta \{P[\varphi(t),\psi(t)]\varphi'(t) + Q[\varphi(t),\psi(t)]\psi'(t)\}\mathrm{d}t$$

上述公式可以推广到空间有向曲线 Γ 由参数方程

$$x=\varphi(t), y=\psi(t), z=\omega(t)$$

给出的情形，这时有

$$\int_\Gamma P(x,y,z)\mathrm{d}x + Q(x,y,z)\mathrm{d}y + R(x,y,z)\mathrm{d}z =$$

$$\int_\alpha^\beta \{P[\varphi(t),\psi(t),\omega(t)]\varphi'(t) + Q[\varphi(t),\psi(t),\omega(t)]\psi'(t) +$$

$$R[\varphi(t),\psi(t),\omega(t)]\omega'(t)\}\mathrm{d}t$$

因此，仍然可以利用 diff 函数和 int 函数来求解第二类曲线积分.

例 5.17 计算曲线积分 $\int_\Gamma x^3\mathrm{d}x + 2zy^2\mathrm{d}y - x^2y\mathrm{d}z$，其中 Γ 是从点 $A(3,2,1)$ 到点 $B(0,0,0)$ 的直线段 AB.

解：Γ 的参数方程为

$$x = 3t, y = 2t, z = t, t \text{ 从 } 1 \text{ 到 } 0$$

因此，编写如下语句求解该曲线积分：

```
syms x y z t
x = 3 * t; y = 2 * t; z = t;
P = x^3; Q = 2 * z * y^2; R = -x^2 * y;
dx = diff(x,t); dy = diff(y,t); dz = diff(z,t);
I = int(P * dx + Q * dy + R * dz,t,1,0)
I =
   -79/4
```

二、曲面积分

函数 $f(x,y,z)$ 在曲面 Σ 上的第一类曲面积分定义为

$$\iint_\Sigma f(x,y,z)\mathrm{d}S = \lim_{\lambda \to 0}\sum_{i=1}^n f(\xi_i,\eta_i,\zeta_i)\Delta S_i$$

其中，$\Delta S_1, \Delta S_2, \cdots, \Delta S_n$ 为曲面 Σ 被任意分割成的 n 个小块曲面（ΔS_i 同时也代表第 i 小块曲面的面积）；$\lambda = \max_{1 \leq i \leq n}\{\Delta S_i\}$；$(\xi_i,\eta_i,\zeta_i)$ 为第 i 个小块曲面上任意取定的一点（$i = 1,2,\cdots,n$）.

设 $f(x, y, z)$ 在 Σ 上连续，Σ 的方程为

$$z = z(x,y), (x,y) \in D_{xy}$$

且 $z(x, y)$ 在 D_{xy} 上具有连续偏导数，则

$$\iint_\Sigma f(x,y,z)\mathrm{d}S = \iint_{D_{xy}} f[x,y,z(x,y)]\sqrt{1 + z_x^2(x,y) + z_y^2(x,y)}\,\mathrm{d}x\mathrm{d}y$$

由上面给出的求曲面积分公式，可以利用 MATLAB 提供的求偏导函数 diff 和求积分函数 int 来求解第一类曲面积分.

例5.18 计算曲面积分 $\iint\limits_{\Sigma} \dfrac{dS}{z}$，其中 Σ 是球面 $x^2+y^2+z^2=4$ 被平面 $z=1$ 所截出的顶部.

解：Σ 的方程为
$$z=\sqrt{4-x^2-y^2},(x,y)\in D_{xy}=\{(x,y)\mid x^2+y^2\leq 3\}$$
变换到极坐标系下通过解二重积分来求解上述曲面积分，编写如下语句：

```
syms x y z r theta
z = sqrt(4 -x^2 -y^2);
dz_x = diff(z,x);dz_y = diff(z,y);
f = 1/z * sqrt(1 +dz_x^2 +dz_y^2);
f = subs(f,{'x','y'},{r*cos(theta),r*sin(theta)});
I = simple(int(int(f*r,r,0,sqrt(3)),theta,0,2*pi))
I =
4*pi*log(2)
```

函数 $R(x,y,z)$ 在有向曲面 Σ 上对坐标 x、y 的曲面积分定义为
$$\iint\limits_{\Sigma}R(x,y,z)dxdy=\lim_{\lambda\to 0}\sum_{i=1}^{n}R(\xi_i,\eta_i,\zeta_i)(\Delta S_i)_{xy}$$
其中，$\Delta S_1,\Delta S_2,\cdots,\Delta S_n$ 为曲面 Σ 被任意分割成的 n 个有向小块曲面（ΔS_i 同时也代表第 i 小块曲面的面积）；$\lambda=\max\limits_{1\leq i\leq n}\{\Delta S_i\}$，$(\Delta S_i)_{xy}$ 为 ΔS_i 在 xOy 面上的投影；(ξ_i,η_i,ζ_i) 为第 i 个小块曲面上任意取定的一点 $(i=1,2,\cdots,n)$.

类似地，函数 $P(x,y,z)$ 和 $Q(x,y,z)$ 在有向曲面 Σ 上对坐标 y、z 和 z、x 的曲面积分分别定义为
$$\iint\limits_{\Sigma}P(x,y,z)dydz=\lim_{\lambda\to 0}\sum_{i=1}^{n}P(\xi_i,\eta_i,\zeta_i)(\Delta S_i)_{yz}$$
$$\iint\limits_{\Sigma}Q(x,y,z)dzdx=\lim_{\lambda\to 0}\sum_{i=1}^{n}Q(\xi_i,\eta_i,\zeta_i)(\Delta S_i)_{zx}$$

以上三个曲面积分也称为第二类曲面积分，应用上经常将三者合并起来写成
$$\iint\limits_{\Sigma}P(x,y,z)dydz+\iint\limits_{\Sigma}Q(x,y,z)dzdx+\iint\limits_{\Sigma}R(x,y,z)dxdy=$$
$$\iint\limits_{\Sigma}P(x,y,z)dydz+Q(x,y,z)dzdx+R(x,y,z)dxdy$$

设 $R(x, y, z)$ 在 Σ 上连续，Σ 的方程为
$$z = z(x,y), (x,y) \in D_{xy}$$
且 $z(x, y)$ 在 D_{xy} 上具有连续偏导数，则
$$\iint_{\Sigma} R(x,y,z) \mathrm{d}x\mathrm{d}y = \pm \iint_{D_{xy}} R[x,y,z(x,y)] \mathrm{d}x\mathrm{d}y$$
其中，曲面积分取 Σ 上侧时等号右端取正号，取 Σ 下侧时等号右端取负号. 类似地，有
$$\iint_{\Sigma} P(x,y,z) \mathrm{d}y\mathrm{d}z = \pm \iint_{D_{yz}} P[x(y,z),y,z] \mathrm{d}y\mathrm{d}z$$
$$\iint_{\Sigma} Q(x,y,z) \mathrm{d}z\mathrm{d}x = \pm \iint_{D_{zx}} Q[x,y(z,x),z] \mathrm{d}z\mathrm{d}x$$
根据上述公式，可以嵌套调用 int 函数来求解第二类曲面积分.

例 5.19 计算曲面积分 $\iint_{\Sigma} xyz \mathrm{d}x\mathrm{d}y$，其中 Σ 是球面 $x^2 + y^2 + z^2 = 1$ 外侧在 $x \geq 0$，$y \geq 0$ 的部分.

解：将 Σ 分为 Σ_1 和 Σ_2 两部分，其中
$$\Sigma_1: z_1 = \sqrt{1-x^2-y^2}, \Sigma_2: z_2 = -\sqrt{1-x^2-y^2},$$
$$(x,y) \in D_{xy} = \{(x,y) \mid x^2 + y^2 \leq 1, x \geq 0, y \geq 0\}$$
因此
$$\iint_{\Sigma} xyz \mathrm{d}x\mathrm{d}y = \iint_{\Sigma_1} xyz \mathrm{d}x\mathrm{d}y + \iint_{\Sigma_2} xyz \mathrm{d}x\mathrm{d}y$$
$$= \iint_{D_{xy}} xy\sqrt{1-x^2-y^2} \mathrm{d}x\mathrm{d}y - \iint_{D_{xy}} xy(-\sqrt{1-x^2-y^2}) \mathrm{d}x\mathrm{d}y$$
$$= 2\iint_{D_{xy}} xy\sqrt{1-x^2-y^2} \mathrm{d}x\mathrm{d}y$$

编写如下语句求解该曲面积分：

```
syms x y z r theta
z = sqrt(1 -x^2 -y^2);
f = x * y * z;
f = subs(f,{'x','y'},{r*cos(theta),r*sin(theta)});
I = 2 *(int(int(f * r,r,0,1),theta,0,pi /2))
I =
```

5.3 级数计算

无穷级数是高等数学的一个重要组成部分,它是表示函数、研究函数的性质及进行数值计算的一种工具. 本节先讨论常数项级数的收敛性判别与级数求和的 MATLAB 实现,然后讨论函数展开成幂级数和傅里叶级数的MATLAB求解.

5.3.1 常数项级数的收敛性判别与级数求和

一、常数项级数的收敛性判别

一般地,如果给定一个数列

$$u_1, u_2, u_3, \cdots, u_n, \cdots$$

则由这个数列构成的表达式

$$\sum_{n=1}^{\infty} u_n = u_1 + u_2 + u_3 + \cdots + u_n + \cdots$$

称为常数项级数. 其中,第 n 项 u_n 叫作级数的一般项;$s_n = \sum_{i=1}^{n} u_i$,称为级数的部分和.

如果级数 $\sum_{n=1}^{\infty} u_n$ 的部分和数列 $\{s_n\}$ 有极限 s,即 $\lim_{n \to \infty} s_n = s$,则称无穷级数 $\sum_{n=1}^{\infty} u_n$ 收敛,这时 s 叫作级数的和,并记为

$$s = u_1 + u_2 + u_3 + \cdots + u_n + \cdots$$

如果 $\{s_n\}$ 极限不存在,则称无穷级数 $\sum_{n=1}^{\infty} u_n$ 发散.

(1) 正项级数比较判别法

设 $\sum_{n=1}^{\infty} u_n$ 和 $\sum_{n=1}^{\infty} v_n$ 都是正项级数,如果

① $\lim_{n \to \infty} \dfrac{u_n}{v_n} = l (0 \leq l < +\infty)$,且级数 $\sum_{n=1}^{\infty} v_n$ 收敛,则级数 $\sum_{n=1}^{\infty} u_n$ 也收敛;

② $\lim_{n \to \infty} \dfrac{u_n}{v_n} = l (0 < l \leq +\infty)$,且级数 $\sum_{n=1}^{\infty} v_n$ 发散,则级数 $\sum_{n=1}^{\infty} u_n$ 也发散.

例 5.20 判定级数 $\sum_{n=1}^{\infty} \sin \dfrac{\pi}{n(n+1)}$ 的敛散性.

解:利用比较判别法,与级数 $\sum_{n=1}^{\infty} \dfrac{1}{n^2}$ 进行比较得

```
syms n
L = limit(sin(pi/(n*(n+1)))/(1/n^2),n,inf)
L =
pi
```

由 $\sum_{n=1}^{\infty} \dfrac{1}{n^2}$ 收敛知,原级数收敛.

(2) 正项级数比值判别法

设 $\sum_{n=1}^{\infty} u_n$ 是正项级数,如果

① $\lim\limits_{n\to\infty} \dfrac{u_{n+1}}{u_n} = l(l<1)$,则级数 $\sum_{n=1}^{\infty} u_n$ 收敛;

② $\lim\limits_{n\to\infty} \dfrac{u_{n+1}}{u_n} = l(l>1)$,则级数 $\sum_{n=1}^{\infty} u_n$ 发散;

③ $\lim\limits_{n\to\infty} \dfrac{u_{n+1}}{u_n} = 1$,则级数 $\sum_{n=1}^{\infty} u_n$ 可能收敛也可能发散.

例 5.21 判定级数 $\sum_{n=1}^{\infty} n\left(\dfrac{3}{4}\right)^n$ 的敛散性.

解:利用比值判别法,由

```
syms n
L = limit(((n+1)*(3/4)^(n+1))/(n*(3/4)^n),n,inf);
if double(L) <1
      type = '级数收敛'
   elseif double(L) >1
      type = '级数发散'
else
   type = '比值判别法失效'
   end
type =
```

可知级数收敛.

(3) 正项级数根值判别法

设 $\sum_{n=1}^{\infty} u_n$ 是正项级数,如果

① $\lim\limits_{n\to\infty} \sqrt[n]{u_n} = l(l<1)$,则级数 $\sum_{n=1}^{\infty} u_n$ 收敛;

② $\lim_{n\to\infty} \sqrt[n]{u_n} = l(l>1)$，则级数 $\sum_{n=1}^{\infty} u_n$ 发散；

③ $\lim_{n\to\infty} \sqrt[n]{u_n} = 1$，则级数 $\sum_{n=1}^{\infty} u_n$ 可能收敛也可能发散.

例 5.22 判定级数 $\sum_{n=1}^{\infty} \dfrac{2+(-1)^n}{2^n}$ 的敛散性.

解：利用根值判别法，由

```
syms n
L = limit((2 + ( -1)^n)^(1/n)/2,n,inf)
if double(L) <1
        type = '级数收敛'
    elseif double(L) >1
        type = '级数发散'
    else
        type = '根值判别法失效'
    end
 type =
```

可知级数收敛.

(4) 交错级数判别法（莱布尼茨定理）

如果交错级数 $\sum_{n=1}^{\infty} (-1)^{n-1} u_n$（不妨设 $u_1, u_2, \cdots, u_n, \cdots$ 都是正数）满足条件

① $u_n \geq u_{n+1}(n=1,2,3,\cdots)$；

② $\lim_{n\to\infty} u_n = 0$，

则级数收敛.

例 5.23 判定级数 $\sum_{n=1}^{\infty} (-1)^{n-1} \dfrac{n^3}{2^n}$ 的敛散性.

解：首先绘制正项级数 $u_n = \dfrac{n^3}{2^n}$ 的图像：

```
syms n
un = n^3/2^n;
plot(1:100,subs(un,n,1:100))
axis([1 100 -5 5])
```

运行结果如图 5-8 所示.

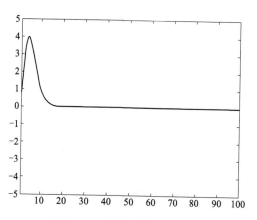

图 5-8 级数单调性示意图

可以看出，u_n 在 $n>10$ 以后单调递减，再计算 u_n 的极限：

```
L = limit(un,n,inf)
L =
0
```

由莱布尼茨定理知，原级数收敛.

（5）阿贝尔判别法

如果级数 $\sum_{n=1}^{\infty} a_n b_n$ 满足条件：

① 数列 $\{a_n\}$ 单调有界；

② 级数 $\sum_{n=1}^{\infty} b_n$ 收敛，

则级数收敛.

例 5.24 判定级数 $\sum_{n=1}^{\infty} \frac{(-1)^n 2^n}{n(1+2^n)}$ 的敛散性.

解：令 $a_n = \dfrac{2^n}{1+2^n}$，由

```
syms n
an = 2^n/(1 + 2^n);
aN = subs(an,n,n + 1);
u = subs(an,n,1:1e2);
v = subs(aN - an,n,1:1e2);
```

```
all(u<=1) && all(v>=0)
ans =
    1
```

知,a_n 单调递增且有上界 1,而由莱布尼茨定理知 $b_n = \frac{(-1)^n}{n}$ 收敛,故由阿贝尔判别法知,原级数收敛.

(6) 狄利克雷判别法

如果级数 $\sum_{n=1}^{\infty} a_n b_n$ 满足条件:

① 数列 $\{a_n\}$ 单调趋于零;

② 级数 $\sum_{n=1}^{\infty} b_n$ 的部分和 B_n 有界,

则级数收敛.

例 5.25 判定级数 $\sum_{n=1}^{\infty} \frac{\sin n}{n}$ 的敛散性.

解:令 $a_n = \frac{1}{n}$, $b_n = \sin n$,由

```
syms n
bn = sin(n);
bN = subs(bn,n,1:1e4);
Bn(1) = bN(1);
for i = 2:1e4
        Bn(i) = Bn(i-1) + bN(i);
    end
max(abs(Bn))
ans =
    1.9582
```

知 b_n 的部分和有界,而 a_n 显然单调趋于 0,由狄利克雷判别法知,原级数收敛.

二、级数求和

MATLAB 符号运算工具箱提供了函数 symsum 来求解数项级数的和,该函数的调用格式为

```
r = symsum(expr,v,a,b)
```

其中，expr 是级数一般项的字符表达式；v 是级数的自变量；a 和 b 分别是级数求和的起始项和终止项；r 是返回的级数和.

例 5.26 求下列数项级数的和.

(1) $\sum_{n=1}^{\infty} \dfrac{(-1)^n}{n}$ (2) $\sum_{n=1}^{\infty} aq^{n-1}$

解：

```
syms n
r1 = symsum((-1)^n/n,n,1,inf)
r1 =
-log(2)
syms a q
r2 = symsum(a*q^(n-1),n,1,inf)
r2 =
piecewise([1 <= q, a*Inf], [abs(q) < 1, -a/(q-1)])
```

注意：piecewise([1 <= q, a*Inf], [abs(q) < 1, -a/(q-1)]) 是 MATLAB 中定义的分段函数，其数学表达式为

$$r_2 = \begin{cases} \infty, & q \geq 1 \\ \dfrac{a}{1-q}, & |q| < 1 \end{cases}$$

5.3.2 幂级数与傅里叶级数

一、幂级数

给定一个定义在区间 I 上的函数列 $u_n(x)$ ($n = 1, 2, 3, \cdots$)，称

$$\sum_{n=1}^{\infty} u_n(x) = u_1(x) + u_2(x) + \cdots + u_n(x) + \cdots$$

为一个函数项级数.

形如

$$\sum_{n=0}^{\infty} a_n x^n = a_0 + a_1 x + a_2 x^2 + \cdots + a_n x^n + \cdots$$

的函数项级数称为幂级数，常数 $a_0, a_1, a_2, \cdots, a_n, \cdots$ 称为幂级数的系数.

如果

$$\lim_{n \to \infty} \left| \dfrac{a_{n+1}}{a_n} \right| = \rho$$

令

第 5 章　微分、积分和微分方程的 MATLAB 实现　　145

$$R = \begin{cases} 1/\rho, & \rho \neq 0, \\ +\infty, & \rho = 0, \\ 0, & \rho = +\infty \end{cases}$$

则

当 $|x| < R$ 时，幂级数绝对收敛；

当 $|x| > R$ 时，幂级数发散；

当 $x = R$ 与 $x = -R$ 时，幂级数可能收敛也可能发散.

R 称为幂级数 $\sum_{n=0}^{\infty} a_n x^n$ 的收敛半径.

例 5.27　求下列幂级数的收敛半径.

(1) $x - \dfrac{x^2}{2} + \dfrac{x^3}{3} - \cdots + (-1)^{n-1} \dfrac{x^n}{n} + \cdots$

(2) $1 + x + \dfrac{x^2}{2!} + \dfrac{x^3}{3!} + \cdots + \dfrac{x^n}{n!} + \cdots$

(3) $1 + x + 2! x^2 + 3! x^3 + \cdots + n! x^n + \cdots$

解：

```
syms n
an = (-1)^n/n;
aN = subs(an,n,n+1);
r = limit(simple(abs(aN/an)),n,inf);
R1 = 1/r
R1 =
1
an = 1/factorial(n);
aN = subs(an,n,n+1);
r = limit(simple(abs(aN/an)),n,inf);
R2 = 1/r
R2 =
Inf
an = factorial(n);
aN = subs(an,n,n+1);
r = limit(simple(abs(aN/an)),n,inf);
R3 = 1/r
R3 =
0
```

如果函数 $f(x)$ 在点 x_0 的某邻域内能展开成如下幂级数

$$f(x) = a_0 + a_1(x - x_0) + a_2(x - x_0)^2 + \cdots + a_n(x - x_0)^n + \cdots$$

则 $a_n = \dfrac{f^{(n)}(x_0)}{n!}$,即

$$f(x) = f(x_0) + f'(x_0)(x - x_0) + \dfrac{f''(x_0)}{2!}(x - x_0)^2 + \cdots + \dfrac{f^{(n)}(x_0)}{n!}(x - x_0)^n + \cdots$$

上述幂级数称为函数 $f(x)$ 在点 x_0 的处的泰勒级数. 特别地, 当 $x_0 = 0$ 时, 该级数称为函数 $f(x)$ 的 Maclaurin 级数.

MATLAB 提供了函数 taylor 来求解函数的泰勒展开式, 其调用格式为

```
taylor(f,v,Name,Value)
```

其中, f 是待展开函数的符号表达式; v 是函数的符号变量; Name 和 Value 用来给出参数选项, 如, 'ExpansionPoint' 可以给出泰勒展开的位置 (默认为 0), 'Order' 可以给出泰勒展开的项数 (默认为 6).

例 5.28 求函数 $f(x) = e^x$ 在点 $x = 1$ 处的 1~3 阶泰勒展开式.

解: 首先计算 $f(x)$ 的 1~3 阶泰勒展开式:

```
syms x
f = exp(x);
T1 = taylor(f,x,'ExpansionPoint',1,'Order',2)
T1 =
exp(1) + exp(1)*(x - 1)
T2 = taylor(f,x,'ExpansionPoint',1,'Order',3)
T2 =
exp(1) + exp(1)*(x - 1) + (exp(1)*(x - 1)^2)/2
T3 = taylor(f,x,'ExpansionPoint',1,'Order',4)
T3 =
exp(1) + exp(1)*(x - 1) + (exp(1)*(x - 1)^2)/2 + (exp(1)*(x -1)^3)/6
```

下面绘制 $f(x)$ 及其 1~3 阶泰勒展开式的图形:

```
t = linspace(0,3,20);
plot(t,subs(f,x,t),'k-',t,subs(T1,x,t),'k - +',t, ...
subs(T2,x,t),'k - o',t, subs(T3,x,t),'k - *')
legend('f(x)','T1(x)','T2(x)','T3(x)')
xlim([0,4])
```

运行结果如图 5-9 所示.

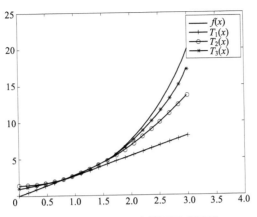

图 5-9 函数及其泰勒展开式图形

二、傅里叶级数

设 $f(x)$ 是以 $2l$ 为周期的周期函数,如果积分

$$a_n = \frac{1}{l}\int_{-l}^{l}f(x)\cos\frac{n\pi}{l}x\mathrm{d}x, n = 0,1,2,\cdots$$

$$b_n = \frac{1}{l}\int_{-l}^{l}f(x)\sin\frac{n\pi}{l}x\mathrm{d}x, n = 1,2,\cdots$$

都存在,则称三角级数

$$\frac{a_0}{2} + \sum_{n=1}^{\infty}\left(a_n\cos\frac{n\pi}{l}x + b_n\sin\frac{n\pi}{l}x\right)$$

为函数 $f(x)$ 的傅里叶级数.

MATLAB 目前没有提供专门的求解函数的傅里叶级数的命令,但是通过上述公式可以通过调用 int 函数编写如下的求解函数的傅里叶级数的函数文件,代码如下:

```
function [A,B,F] = fourierseries(f,x,L,n)
% fourier 将函数 f(x)在区间[-L,L]上展开成 n 阶傅里叶级数
% f:给定的待展开函数的符号表达式
% x:f 的符号自变量
% L:给定级数展开区间
% n:展开的项数
% A,B:函数 f(x)的傅里叶系数
% F:函数 f(x)的傅里叶级数
```

```
A = int(f,x,-L,L);    % 计算傅里叶级数中的 a0
B = [];
F = A/2;
for k = 1:n
    ak = int(f*cos(k*pi*x/L),x,-L,L)/L;
    bk = int(f*sin(k*pi*x/L),x,-L,L)/L;
    A = [A,ak];
    B = [B,bk];
    F = F + ak*cos(k*pi*x/L) + bk*sin(k*pi*x/L);
end
```

注意：也可以通过调用数值积分函数 quad 来求解函数的傅里叶级数，此时得到的不再是傅里叶级数的展开式，而是傅里叶级数在指定点上的值，这里不再赘述.

例 5.29 分别用 1、10 和 20 阶傅里叶级数对 $[-1,1]$ 上的方波信号 $f(x) = \dfrac{|x|}{x}$ 进行拟合.

解：首先，通过调用 fourierseries 函数可以分别计算 $f(x)$ 的 1 阶、10 阶和 20 阶傅里叶级数展开式 $F_1(x)$、$F_{10}(x)$、$F_{20}(x)$，执行如下语句：

```
syms x
f = abs(x)/x;
[A1,B1,F1] = fourierseries(f,x,1,1);
[A2,B2,F10] = fourierseries(f,x,1,10);
[A3,B3,F20] = fourierseries(f,x,1,20);
```

然后绘制 $f(x)$ 及 $F_1(x)$、$F_{10}(x)$、$F_{20}(x)$ 的图形：

```
t = linspace(-1,1,100);
plot(t,subs(f,x,t),'k-',t,subs(F1,x,t),'k-+',t, , ...
    subs(F10,x,t)'k-o',t,subs(F20,x,t),'k-*')
legend('f(x)','F1(x)','F10(x)','F20(x)','Location', , ...
    'NorthWest')
```

运行结果如图 5-10 所示.

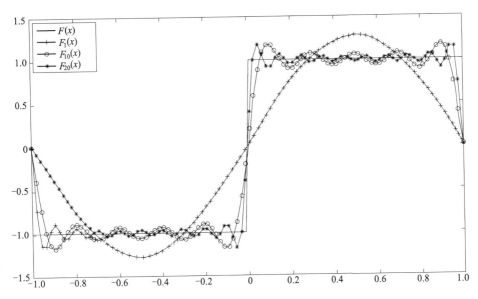

图 5-10　方波及其傅里叶级数拟合

5.4　微分方程的 MATLAB 求解

一般地，表示未知函数、未知函数的导数与自变量之间关系的方程称为微分方程．未知函数是一元函数的，称为常微分方程；未知函数是多元函数的，则称为偏微分方程．科学技术和工程中许多问题是用微分方程的形式建立数学模型的，因此微分方程的求解有很实际的意义．本节将主要介绍基于 MATLAB 的常微分方程和偏微分方程的运算．

5.4.1　常微分方程的运算

1．常微分方程符号解运算

微分方程中所出现的未知函数的最高阶导数的阶数叫作微分方程的阶．n 阶常微分方程的一般形式为

$$F(x,y,y',y'',\cdots,y^{(n)})=0$$

设函数 $y=f(x)$ 在区间 I 上有 n 阶连续导数，如果在区间 I 上，有

$$F(x,f(x),f'(x),f''(x),\cdots,f(x)^{(n)})\equiv 0$$

则称函数 $y=f(x)$ 为微分方程 $F(x,y,y',y'',\cdots,y^{(n)})=0$ 在区间 I 上的解．

如果微分方程的解中含有任意常数，且任意常数的个数与微分方程的阶

数相同,则称这样的解为微分方程的通解.如果根据一定的条件确定了通解中的任意常数,就可以得到微分方程的特解.

微分方程的解的图形是一条曲线,称为微分方程的积分曲线.

MATLAB 提供了 dsolve 函数求解常微分方程(组).该函数允许用字符串的形式描述微分方程及指定的边界或初始条件,然后给出微分方程的符号解(解析解).该函数的一般调用格式为

$$Y = \text{dsolve}('\text{eqn1},\cdots,\text{eqnN}','\text{cond1},\cdots,\text{condN}','v')$$

其中,'eqn1,…,eqnN' 是微分方程(组)的符号表达式;'cond1,…,condN' 是指定的边界或初始条件;'v' 是常微分方程(组)中指定的符号自变量,其默认值为 't';Y 是返回的符号解.

在微分方程(组)的符号表达式中,大写的字母 D 表示对自变量的微分算子,微分算子 D 后面的数字表示微分的阶数,而字母则表示因变量,即待求解的未知函数,例如,$\dfrac{d^2 y}{dx^2} = \sin x$ 可以写为 $D^2 y = \sin(x)$.

初始条件和边界条件的表达式类似,例如,$y'(a) = b$ 可以写为 $Dy(a) = b$.

当初始条件和边界条件的个数少于微分方程的阶数时,在所求的符号解 Y 中将出现任意常数符号 C_1、C_2 等.

例 5.30 求二阶微分方程 $\dfrac{d^2 y}{dx^2} = \sin 2x - y$ 的通解及在条件 $y(0) = 0$,$y'(\pi) = 0$ 下的特解.

解:

```
y = dsolve('D2y = sin(2*x) - y','x')
y =
C2*cos(x) - sin(2*x)/3 + C3*sin(x)
y0 = dsolve('D2y = sin(2*x) - y','y(0) = 0,Dy(pi) = 0','x')
y0 =
- sin(2*x)/3 - (2*sin(x))/3
plot(0:0.01:pi,subs(y0,0:0.01:pi))
```

运行结果如图 5-11 所示.

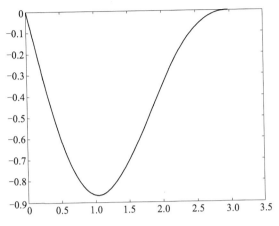

图 5-11　微分方程符号解的积分曲线

2. 常微分方程初值问题数值解运算

求 n 阶微分方程 $F(x,y,y',y'',\cdots,y^{(n)})=0$ 满足条件

$$y(x_0)=y_0,y'(x_0)=y_0^{(1)},\cdots,y^{(n-1)}(x_0)=y_0^{(n-1)}$$

的特解的这样一个问题，称为 n 阶微分方程的初值问题.

MATLAB 提供了一系列用来求解微分方程初值问题数值解的函数，包括 ode 系列函数 ode45、ode23、ode15s、ode23s、ode15i 等，它们所解决的常微分方程的问题类型、精度和所用算法见表 5-2.

表 5-2　常微分方程初值问题解算指令比较

解算指令	问题类型	精度	算法
ode45	非刚性	较高	四五阶 Runge – Kutta 法
ode23	非刚性	低	二三阶 Runge – Kutta 法
ode113	非刚性	低～高	可变阶 Adams – Bashforth – Moulton 法
ode15s	刚性	低～中	基于数值差分的可变阶方法（BDFs, Gear）
ode23s	刚性	低	二阶改进的 Rosenbrock 法
ode23t	中等刚性	适中	使用梯形规则
ode23tb	刚性	低	TR – BDF2（隐式 Runge – Kutta 法）

上述解算器的一般调用格式为

`[T,Y] = odesolver(odefun,tspan,y0,options,p1,p2,…)`

各个参数的解释如下：

odefun：微分方程的 MATLAB 语言描述函数，必须是函数句柄或者字符串，且必须写成 MATLAB 规范格式，即一阶显式微分方程（组）形式.

tspan：给出变量的求解区间，当 tspan 表示二元向量 $[t_0,t_f]$ 时，tspan 用来给出求解数值解的时间区间；当 tspan 表示多元向量 $[t_0,t_1,\cdots,t_f]$ 时，给出 tspan 定义的时间点上的数值解. 注意后者 tspan 必须严格单调.

y_0：初值条件，依次输入所有状态变量的初值.

options：微分方程的优化参数，使用 odeset 可以设置具体参数，详细内容查看 MATLAB 的帮助文档.

T：所求数值解的自变量列向量，也就是 odesolver 计算微分方程的值的点.

Y：所求微分方程的因变量矩阵，第 i 列表示第 i 个状态变量的值，行数与 T 的一致.

应用 odesolver 解算器求解常微分方程初值问题数值解的一般求解过程为：

（1）将待求问题化为标准形式

如果微分方程由一个或多个高阶微分方程给出，应先将其变换成一阶显式常微分方程组，这只需为每一个因变量除最高阶外的每一阶微分式选择一个状态变量即可，具体做法参考下面的例子.

（2）编写微分方程的描述函数

微分方程的描述可以是函数句柄、字符表达式，也可以是一个单独的 MATLAB 函数文件. 作为整个求解程序的一个子函数，MATLAB 提供了 odefile 的模板，采用 type odefile 命令显示其详细内容，然后将其复制到脚本编辑窗口，在合适的位置填入所需内容即可.

（3）选择合适的解算指令求解问题

根据微分方程问题所要求的求解精度与速度及微分方程是否为刚性方程等要求，参照表 5-2 的介绍选择合适的解算指令来求解常微分方程的初值问题.

例 5.31 求二阶微分方程 $y''+3y=4\sin 8t$ 在区间 $[0,6]$ 上的解，初始条件为 $y(0)=0, y'(0)=1$.

解：令 $y_1=y$，$y_2=y'$，则所求高阶微分方程可以转化为如下的一阶微分方程组

$$\begin{cases} y'_1=y_2 \\ y'_2=4\sin 8t-3y_1 \end{cases}$$

编写如下语句：

```
fun = @(t,y)[y(2);4*sin(8*t)-3*y(1)];
tspan = [0,6];
y0 = [0,1];
[t,y] = ode45(fun,tspan,y0);
plot(t,y(:,1),'k')
hold on
plot(t,y(:,2),'k-.')
legend('y(x)','y\prime(x)')
```

运行结果如图 5-12 所示.

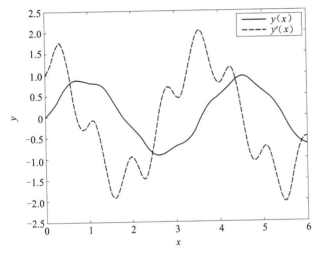

图 5-12 微分方程初值问题数值解的积分曲线

例 5.32 已知阿波罗卫星的运动轨迹满足下面的微分方程:

$$\begin{cases} x'' = 2y' + x - \dfrac{\mu_1(x+\mu)}{r_1^3} - \dfrac{\mu(x-\mu_1)}{r_2^3} \\ y'' = -2x' + y - \dfrac{\mu_1 y}{r_1^3} - \dfrac{\mu y}{r_2^3} \end{cases}$$

其中,$\mu = 1/82.45, \mu_1 = 1-\mu, r_1 = \sqrt{(x+\mu)^2 + y^2}, r_2 = \sqrt{(x-\mu_1)^2 + y^2}$, $x(0) = 1.2, x'(0) = 0, y(0) = 0, y'(0) = -1.04935751$,试绘制阿波罗卫星的运动轨迹图.

解:令 $u_1 = x$,$u_2 = x'$,$u_3 = y$,$u_4 = y'$,则将所求高阶微分方程组转化为如下的一阶微分方程组

$$\begin{cases} u_1' = u_2 \\ u_2' = 2u_4 + u_1 - \mu_1(u_1+\mu)/r_1^3 - \mu(u_1-\mu_1)/r_2^3 \\ u_3' = u_4 \\ u_4' = -2u_2 + u_3 - \mu_1 u_3/r_1^3 - \mu u_3/r_2^3 \end{cases}$$

编写如下语句：

```
tspan = [0,20];
u0 = [1.2;0;0;-1.04935751];
options = odeset('reltol',1e-8);
[t,u] = ode45(@apollo,tspan,u0,options);
plot(u(:,1),u(:,3),'k')
xlabel('X')
ylabel('Y')
%-----------------------------------------------------------
function du = apollo(t,u)
mu = 1/82.45;
mu1 = 1 - mu;
r1 = sqrt((u(1)+mu)^2 +u(3)^2);
r2 = sqrt((u(1)-mu1)^2 +u(3)^2);
du = [u(2);2*u(4)+u(1)-mu1*(u(1)+mu)/r1^3-mu*...
(u(1)-mu1)/r2^3;u(4);-2*u(2)+u(3)-mu1*u(3)/r1^3-
mu*u(3)/r2^3];
```

运行结果如图 5-13 所示.

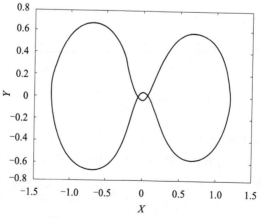

图 5-13 阿波罗卫星运动轨迹

3. 常微分方程边值问题数值解运算

对 n 阶微分方程 $F(x,y,y',y'',\cdots,y^{(n)}) = 0$，如果能在不同的两点 a 和 b 处，唯一刻画 n 个附加条件 $\varphi[y(a),y(b)] = 0$，并且在区间 $a \leq t \leq b$ 上求解该微分方程，则称此问题为 n 阶微分方程的边值问题。

MATLAB 提供了 bvp4c 和 bvp5c 函数来求解微分方程边值问题的数值解，它们的使用方法类似，这里仅以 bvp4c 函数为例给出求解常微分方程边值问题数值解的一般求解过程。

(1) 微分方程与边值条件的 MATLAB 描述

微分方程函数的描述与初值问题情形完全类似，边值条件函数描述出 $\varphi[y(a),y(b)] = 0$ 中的各个表达式即可。

(2) 初始化参数

调用 bvpinit 函数生成 bvp 系列函数所必需的猜测数据网格，该函数的调用格式为

```
solinit = bvpinit(x,yinit,parameters)
solinit = bvpinit(sol,[anew bnew],parameters)
```

其中，x 是初始网格点的估计值；yinit 是数值解的初始猜测值；[anew, bnew] 用于扩展解 sol 的范围；parameters 是其他未知参数；solinit 返回猜测数据网格，其中 solinit.x 为初始网格点，solinit.y 给出网格点上微分方程解的猜测值，solinit.y(:,i) 表示节点 solinit.x(i) 处的解的猜测值。

(3) 求解边值问题

直接调用函数 bvp4c 求解边值问题，其一般调用格式为

```
sol = bvp4c(odefun,bcfun,solinit,options)
```

这里，odefun 是微分方程的描述函数；bcfun 是边值条件的描述函数；solinit 为生成的猜测数据网格；options 是微分方程的优化参数。返回值中，sol.x 是指令 bvp4c 所采用的网格节点；sol.y 是 $y(x)$ 在 sol.x 网点上的近似解值；sol.yp 是 $y'(x)$ 在 sol.x 网点上的近似解值；sol.parameters 是微分方程所包含的未知参数的近似解值，当所求微分方程包含未知参数时，该域存在。

例 5.33 求解边值问题
$$y'' + |y| = 0$$
边值条件为 $y(0) = 0, y(4) = -2$。

解：令 $y_1 = y$，$y_2 = y'$，则所求高阶微分方程可以转化为如下一阶微分方程组

$$\begin{cases} y'_1 = y_2 \\ y'_2 = -|y_1| \end{cases}$$

编写如下语句：

```
odefun = @(t,y)[y(2);-abs(y(1))];
bcfun = @(ya,yb)[ya(1);yb(1) + 2];
solinit = bvpinit(linspace(0,4,20),[1 0]);
                    % 初始猜测值为
                    % y_1(0) = 1, y_1(4) = 0
sol = bvp4c(odefun,bcfun,solinit);
x = linspace(0,4);
y = deval(sol,x);   % deval 用来计算微分方程的解 sol 在网格
                    % 点 x 处的值
plot(x,y(1,:),'k',x,y(2,:),'k-.')
legend('y(x)','y \prime(x)')
```

运行结果如图 5-14 所示.

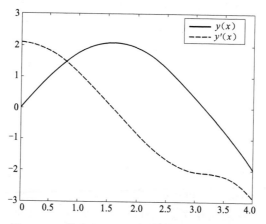

图 5-14 微分方程边值问题数值解的积分曲线

5.4.2 偏微分方程的运算

1. 一般偏微分方程的数值解运算

MATLAB 语言提供了 pdepe 函数，可以直接求解一般的偏微分方程（组），它的调用格式为：

```
sol = pdepe(m,@pdefun,@icfun,@bcfun,xmesh,tspan)
```

参数说明:

m: 与方程的对称性有关的一个参数,取值为0、1或2.

@pdefun: 是偏微分方程(组)的描述函数,必须先将微分方程转换成下面的标准形式:

$$c\left(x,t,u,\frac{\partial u}{\partial x}\right)\frac{\partial u}{\partial t}=x^{-m}\frac{\partial}{\partial x}\left[x^m f\left(x,t,u,\frac{\partial u}{\partial x}\right)\right]+s\left(x,t,u,\frac{\partial u}{\partial x}\right), a\leqslant x\leqslant b, t_0\leqslant t\leqslant t_f$$

然后对偏微分方程(组)编写下面的入口函数:

```
[c,f,s]=pdefun(x,t,u,du)
```

其中,du是u的一阶导数,由给定的输入变量即可表示出c、f、s这三个函数.

@icfun: 是偏微分方程(组)的初值条件描述函数,必须先转换为下面的标准形式:

$$u(x,t_0)=u_0(x), a\leqslant x\leqslant b$$

然后编写下面的函数即可.

```
u0 = icfun(x)
```

@bcfun: 是偏微分方程(组)的边界条件描述函数,必须先转换为下面的标准形式:

$$p(x,t,u)+q(x,t)f\left(x,t,u,\frac{\partial u}{\partial x}\right)=0, x=a \text{ 或 } x=b, t_0\leqslant t\leqslant t_f$$

边值条件可以通过下面的函数描述为:

```
[pl,ql,pr,qr] = bcfun(xl,ul,xr,ur,t)
```

其中,u_l和u_r分别是左边界$x_l=a$和右边界$x_r=b$处的近似解;p_l、q_l和p_r、q_r分别返回$x_l=a$和$x_r=b$时函数p、q的值.

xmesh: 给出需要进行数值解的空间节点.

tspan: 给出需要进行数值解的时间节点.

options: 给出微分方程的部分优化参数.

sol: 一个三维数组,sol(i,j,k)给出解$u(k)$在xmesh(i)和tspan(j)处的值.

例 5.34 求解下面的偏微分方程组:

$$\begin{cases}\dfrac{\partial u_1}{\partial t}=0.024\dfrac{\partial^2 u_1}{\partial x^2}-F(u_1-u_2)\\[2mm]\dfrac{\partial u_2}{\partial t}=0.170\dfrac{\partial^2 u_2}{\partial x^2}+F(u_1-u_2)\end{cases}$$

其中，$F(y) = e^{5.73y} - e^{-11.46y}$，初值条件和边值条件分别为
$$u_1(x,0) \equiv 1, u_2(x,0) \equiv 0$$
和
$$\frac{\partial u_1}{\partial x}(0,t) \equiv 0, u_2(0,t) \equiv 0, u_1(1,t) \equiv 1, \frac{\partial u_2}{\partial x}(1,t) \equiv 0$$

解：首先将给定的微分方程组、初值条件、左边界条件和右边界条件分别转换为如下的标准形式：

$$\begin{pmatrix}1\\1\end{pmatrix} .* \frac{\partial}{\partial t}\begin{pmatrix}u_1\\u_2\end{pmatrix} = \frac{\partial}{\partial x}\begin{pmatrix}0.024(\partial u_1/\partial x)\\0.170(\partial u_2/\partial x)\end{pmatrix} + \begin{pmatrix}-F(u_1-u_2)\\F(u_1-u_2)\end{pmatrix}$$

$$\begin{pmatrix}u_1\\u_2\end{pmatrix} = \begin{pmatrix}1\\0\end{pmatrix}$$

$$\begin{pmatrix}0\\u_2\end{pmatrix} + \begin{pmatrix}1\\0\end{pmatrix} .* \begin{pmatrix}0.024(\partial u_1/\partial x)\\0.170(\partial u_2/\partial x)\end{pmatrix} = \begin{pmatrix}0\\0\end{pmatrix}$$

$$\begin{pmatrix}u_1-1\\0\end{pmatrix} + \begin{pmatrix}0\\1\end{pmatrix} .* \begin{pmatrix}0.024(\partial u_1/\partial x)\\0.170(\partial u_2/\partial x)\end{pmatrix} = \begin{pmatrix}0\\0\end{pmatrix}$$

显然，$m = 0, c = \begin{pmatrix}1\\1\end{pmatrix}, f = \begin{pmatrix}0.024\\0.170\end{pmatrix} .* \begin{pmatrix}\partial u_1/\partial x\\\partial u_2/\partial x\end{pmatrix}$,

$$s = \begin{pmatrix}e^{5.73(u_1-u_2)} - e^{-11.46(u_1-u_2)}\\-e^{5.73(u_1-u_2)} + e^{-11.46(u_1-u_2)}\end{pmatrix},$$

$$u_0 = \begin{pmatrix}1\\0\end{pmatrix}, p_l = \begin{pmatrix}0\\u_2\end{pmatrix}, q_l = \begin{pmatrix}1\\0\end{pmatrix}, p_r = \begin{pmatrix}u_1-1\\0\end{pmatrix}, q_r = \begin{pmatrix}0\\1\end{pmatrix}$$

然后编写如下的代码进行 MATLAB 求解：

```
m = 0;
x = linspace(0,1,20);
t = linspace(0,2,10);
sol = pdepe(m,@ funpde,@ funic,@ funbc,x,t);
u1 = sol(:,:,1);
u2 = sol(:,:,2);
subplot(2,1,1)
surf(x,t,u1)
title('u_1(x,t)')
xlabel('Distance x')
```

```
ylabel('Time t')
subplot(2,1,2)
surf(x,t,u2)
title('u_2(x,t)')
xlabel('Distance x')
ylabel('Time t')
% --------------------------------------------------------
function [c,f,s] = funpde(x,t,u,DuDx)
c = [1;1];
f = [0.024;0.17].*DuDx;
y = u(1) - u(2);
F = exp(5.73*y) - exp(-11.47*y);
s = [-F;F];
% --------------------------------------------------------
function u0 = funic(x)
u0 = [1;0];
% --------------------------------------------------------
function [pl,ql,pr,qr] = funbc(xl,ul,xr,ur,t)
pl = [0;ul(2)];
ql = [1;0];
pr = [ur(1) -1;0];
qr = [0;1];
```

运行结果如图 5-15 所示.

2. 特殊偏微分方程的数值解运算

MATLAB 提供了专门用于求解二维偏微分方程的工具箱（PDE toolbox）.

PDE toolbox 提供了 GUI 可视交互界面 pdetool，在 pdetool 中可以很方便地求解一个 PDE 问题，并且可以直接生成 M 代码.

下面给出 MATLAB pdetool 能够计算的四种特殊的二阶偏微分方程：

(1) 椭圆型
$$-\nabla \cdot (c\nabla u) + au = f.$$

(2) 抛物型
$$d\frac{\partial u}{\partial t} - \nabla \cdot (c\nabla u) + au = f$$

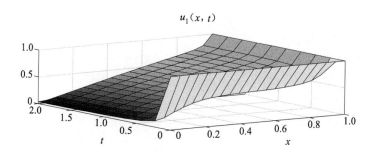

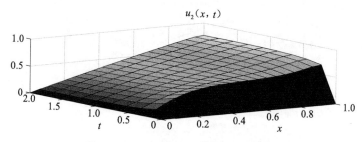

图 5–15　一般偏微分方程数值解图像

(3) 双曲型

$$d\frac{\partial^2 u}{\partial t^2} - \nabla \cdot (c\nabla u) + au = f$$

(4) 特征值型

$$-\nabla \cdot (c\nabla u) + au = \lambda du$$

上述所有方程都是在二维平面区域 Ω 上，方程中 ∇ 是梯度算子，u 是待解的未知函数，c、a、f 和 d 是已知的方程系数. 在椭圆型方程中，这些系数可以是常数或者函数，但在抛物型和双曲型方程中必须为常数，λ 是未知的特征值.

在 MATLAB pdetool 中处理的偏微分方程的边界条件包括 Dirichlet 条件和 Neumann 条件：

(1) Dirichlet 条件

$$[hu]\big|_{\partial\Omega} = r$$

其中，$\partial\Omega$ 表示求解域的边界；r 和 q 可以是常数，也可以是给定的函数.

(2) Neumann 条件

$$\left[\frac{\partial}{\partial n}(c\nabla u) + qu\right]\bigg|_{\partial\Omega} = g$$

其中，$\frac{\partial u}{\partial n}$ 表示 u 的法向偏导数.

在 MATLAB 命令窗口中键入"pdetool",打开"pdetool"窗口,即可使其进入工作状态,如图 5-16 所示. 工具栏中的图形按钮功能如图 5-17 所示. 下面以例题形式给出应用 pdetool 求解偏微分方程数值解的一般过程.

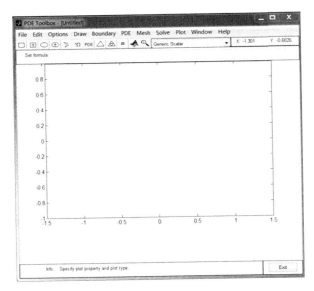

图 5-16 pdetool 工作界面

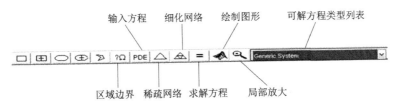

图 5-17 pdetool 工具栏介绍

例 5.35 求解下面的双曲型偏微分方程:

$$\frac{\partial^2 u}{\partial t^2} - \frac{\partial^2 u}{\partial x^2} - \frac{\partial^2 u}{\partial y^2} + 2u = 10$$

求解区域为 $\Omega = (\Omega_1 \cup \Omega_2) - (\Omega_1 \cap \Omega_2)$,其中 $\Omega_1 : x^2 + y^2 \leq 9$,$\Omega_2 : \frac{x^2}{4} + \frac{y^2}{16} \leq 1$,边界条件为 $u \mid_{\partial \Omega} = 5$.

解:应用 pdetool 求解该问题过程如下.

(1) 绘制求解区域

pdetool 工具栏的前五个按钮 可以分别绘制矩形、椭圆形和多边形区域. 其中带"+"号表示区域从图形中心开始绘制. 选中相应按钮后,按住鼠标左键即可在适当位置绘制相应图形,而按住鼠标右键可分别绘制正方形和圆. pdetool 自动分配给每个图形一个编号,通过双击相应图形可以在弹出的对话框中修改图形参数和名称. 另外,可以在工具栏下方的公式设置框中通过图形的名称设置组合图形.

在本题中,首先绘制圆 C_1 和椭圆 E_1,并修改其参数,使之符合题目中 Ω_1 和 Ω_2 的要求. 然后通过在公式框中输入"(C1 − E1) + (E1 − C1)",即可得到本题求解区域 Ω,如图 5 − 18 所示.

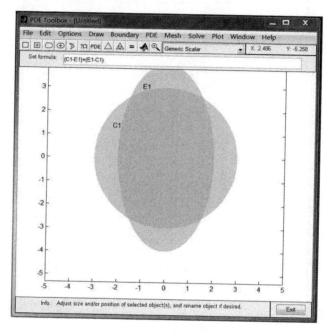

图 5 − 18　求解区域

（2）输入边界条件

首先,单击工具栏第六个按钮 ∂Ω,生成求解区域的边界曲线. 然后通过"Boundary"菜单下的"Remove All Subdomain Borders"命令移除所有子区域的边界,得到所有子区域合并后的求解区域. 最后,选中相应边界后(选中的边界为黑色,Dirichlet 边界为红色,Neumann 边界为蓝色),双击该边界,在弹出的边界条件对话框中输入该边界标准形式下的系数即可. 本题中,所有边界均为 Dirichlet 边界,系数 $h = 1$,$r = 5$,生成的边界如图 5 − 19 所示.

（3）输入微分方程

单击工具栏第七个按钮 PDE,在弹出的对话框中选择相应的偏微分方程类型,并按照其标准形式输入方程的系数. 本题中,偏微分方程为双曲型,系数分别为 $d = 1$、$c = 1$、$a = 2$ 和 $f = 10$.

第 5 章 微分、积分和微分方程的 MATLAB 实现

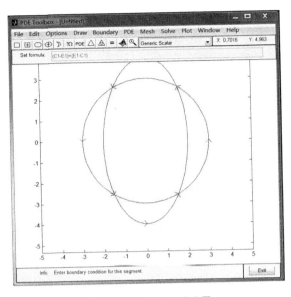

图 5-19 求解区域边界

(4) 划分有限元网格

单击工具栏的第 8 个和第 9 个按钮 △|△|，可以对求解区域进行三角剖分. 多次单击精细网格按钮，可以在原来基础上多次细化网格. 另外，可以通过"Mesh"菜单对网格进行精确控制. 本题中，网格剖分后如图 5-20 所示.

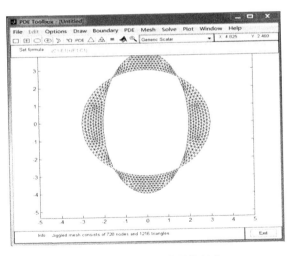

图 5-20 求解区域网格剖分

(5) 求解微分方程

单击工具栏的第 10 个按钮 =，求解微分方程.

(6) 可视化数值解

单击工具栏的第 11 个按钮 ![button]，在弹出的对话框中可以设置绘制微分方程数值解图形的各种参数. 本题求解结果如图 5-21 所示.

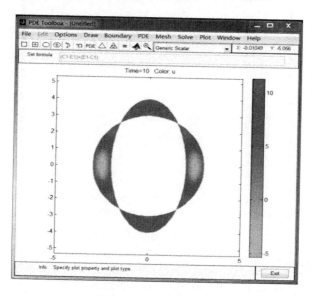

图 5-21 数值解图形

第 5 章练习题

1. 求下列极限.

(1) $\lim\limits_{x\to 0}\dfrac{\sqrt{1-\cos x}}{x}$;

(2) $\lim\limits_{x\to 0}(x+e^x)^{\frac{1}{x}}$;

(3) $\lim\limits_{x\to 0}\left(\dfrac{5+3x}{3x-2}\right)^x$;

(4) $\lim\limits_{x\to 0}\dfrac{\sqrt{2+\tan x}-\sqrt{2+\sin x}}{x\sin^2 x}$.

2. 确定下列函数的间断点并判断其类型.

(1) $y=\dfrac{1}{1+e^{\frac{1}{1-x}}}$;

(2) $y=\dfrac{1}{1-\dfrac{1}{1-x}}$.

3. 求下列函数的导数.

(1) $y=\sqrt{x\sqrt{x}}+\ln\sqrt{\dfrac{x-a}{x+a}}$;

(2) $y=e^{ax}\sin bx$;

(3) $y=\dfrac{\sin x}{x^2}\ln\dfrac{1}{x}$;

(4) $y=e^{\ln^2 x}+x\cos[\sin^2(\tan x)]$.

4. 在曲线 $y = 1 - x^2 (x > 0)$ 上求一点 P 的坐标，使曲线在该点处的切线与两坐标轴所围的三角形的面积最小.

5. 求下列定积分.

(1) $\int_0^\pi \sqrt{1 + \cos 2x}\,dx$；

(2) $\int_0^1 x^6 \sqrt{1 - x^2}\,dx$；

(3) $\int_0^1 \dfrac{\ln(x+1)}{(x-2)^2}\,dx$；

(4) $\int_1^e \sin(\ln x)\,dx$.

6. 求下列二重积分.

(1) $\iint\limits_D xy\cos(xy^2)\,dxdy$，$D: 0 \leq x \leq \dfrac{\pi}{2}, 0 \leq y \leq 2$；

(2) $\iint\limits_D f(x,y)\,dxdy$，其中 $f(x,y) = \begin{cases} 1 - x - y, & x + y \leq 1 \\ 0, & x + y > 1 \end{cases}$，$D: 0 \leq x \leq 1, 0 \leq y \leq 1$；

(3) $\int_0^{+\infty} \int_0^{+\infty} e^{-(x^2 + y^2)}\,dxdy$；

(4) $\iint\limits_{x^2 + y^2 \leq 1} \ln \dfrac{1}{\sqrt{x^2 + y^2}}\,dxdy$.

7. 求下列三重积分.

(1) $\iiint\limits_\Omega y\cos(z+x)\,dxdydz$，$\Omega$: 由 $y = \sqrt{x}, y = 0, z = 0, x + z = \dfrac{\pi}{2}$ 围成；

(2) $\iiint\limits_\Omega (x+y+z)\,dxdydz$，$\Omega$: 由 $x^2 + y^2 - z^2 = 0, z = 1$ 围成；

(3) $\iiint\limits_\Omega \dfrac{\cos\sqrt{x^2+y^2+z^2}}{x^2+y^2+z^2}\,dxdydz$，$\Omega$: $\pi^2 \leq x^2 + y^2 + z^2 \leq 4\pi^2$；

(4) $\iiint\limits_\Omega xe^{\frac{x^2+y^2+z^2}{a^2}}\,dxdydz$，$\Omega$: $x^2 + y^2 + z^2 \leq a^2$ 在第一卦限的部分.

8. 求下列曲线积分.

(1) $\int_L (x^2 + y^2)\,ds$，L 为曲线 $x = a(\cos t + t\sin t), y = a(\sin t - t\cos t)$，$0 \leq t \leq 2\pi$；

(2) $\int_L (x^2 + y^2 + z^2)\,ds$，$L$ 为螺线 $x = a\cos t, y = a\sin t, z = bt, 0 \leq t \leq 2\pi$；

(3) $\oint_L \dfrac{(x+y)\,dx - (x-y)\,dy}{x^2 + y^2}$，$L$ 为圆周 $x^2 + y^2 = 4$（按逆时针方向绕行）；

(4) $\oint_L x^2 y^2\,dx + xy^2\,dy$，$L$ 为直线 $x = 1$ 与抛物线 $x = y^2$ 所围区域边界（按逆

时针方向绕行).

9. 求下列曲面积分.

(1) $\iint\limits_{\Sigma}(2x+\dfrac{4}{3}y+z)\mathrm{d}S$, Σ 为平面 $\dfrac{x}{2}+\dfrac{y}{3}+\dfrac{z}{4}=1$ 在第一卦限的部分;

(2) $\iint\limits_{\Sigma}y\mathrm{d}S$, Σ 为上半球面 $z=\sqrt{R^2-x^2-y^2}$;

(3) $\iint\limits_{\Sigma}x^2y^2z\mathrm{d}x\mathrm{d}y$, Σ 为球面 $x^2+y^2+z^2=a^2$ 的下半部分的下侧;

(4) $\iint\limits_{\Sigma}z^2\mathrm{d}x\mathrm{d}y$, Σ 为平面 $x+y+z=1$ 在第一卦限部分的上侧.

10. 判别下列级数的敛散性.

(1) $\sum\limits_{n=1}^{\infty}\dfrac{\sqrt{n}}{\sqrt{n^4+n+1}}$;

(2) $\sum\limits_{n=1}^{\infty}\dfrac{\sqrt{n+1}-\sqrt{n-1}}{n^{2/3}}$;

(3) $\sum\limits_{n=1}^{\infty}\dfrac{\sin\dfrac{\pi}{n}}{n}$;

(4) $\sum\limits_{n=1}^{\infty}\int_0^{\frac{1}{n}}\dfrac{x^2}{x^4+1}\mathrm{d}x$.

11. 求下列幂级数的收敛半径与收敛域

(1) $\sum\limits_{n=1}^{\infty}n!\left(\dfrac{x}{n}\right)^n$

(2) $\sum\limits_{n=1}^{\infty}\dfrac{2^n+(-1)^n}{n}(x-1)^n$

12. 将函数 $f(x)=x^2$, $x\in[0,2\pi]$ 展开成傅里叶级数.

13. 求解下面的微分方程组:

$$\begin{cases} y_1'=0.04(1-y_1)-(1-y_2)y_1+0.0001(1-y_2)^2 \\ y_2'=-10000y_1+3000(1-y_2)^2 \end{cases}$$

其中,$y_2(0)=y_1(0)=1, t\in[0,100]$.

14. 求解下列热传导定解问题:

$$\dfrac{\partial u}{\partial t}-\left(\dfrac{\partial^2 u}{\partial x^2}+\dfrac{\partial^2 u}{\partial y^2}\right)=0$$

其中满足:

$$u(x,y,t)|_{x=y=-1}=u(x,y,t)|_{x=y=1}=0,$$

$$u(x,y,0)=\begin{cases}1, & \sqrt{x^2+y^2}\leq 0.4 \\ 0, & \sqrt{x^2+y^2}>0.4\end{cases}.$$

第6章 概率论与数理统计的 MATLAB 实现

概率论与数理统计作为一门实用性很强的数学分支,已经广泛应用于经济、管理、心理、医学、生物、工业生产、通信等几乎所有社会和科学技术领域. MATLAB 统计工具箱十分强大,已经可以和各种统计软件相媲美. 本章只介绍一些与初等概率论与数理统计课程相关的简单的函数及其用法.

6.1 随机生成数

在 MATLAB 的基本函数中,与概率论与数理统计课程有关的函数有均匀分布和正态分布的随机数生成函数 rand 和 randn. 除此之外,还有计算基本统计量的函数,如,均值函数 mean、中位数函数 median、标准差 std、方差 var、偏度 skewness 和峰度 kurtosis 等,具体用法如下面两个例子.

例 6.1 建立随机矩阵:
① 在区间 [20,50] 内均匀分布的 5 阶随机矩阵;
② 均值为 0.6、方差为 0.1 的 5×6 阶正态分布随机矩阵.
并求出它们的均值和方差.

解:产生均匀分布和正态分布随机矩阵的程序如下:

```
x = 20 + (51 - 20) * rand(5),
y = 0.6 + sqrt(0.1) * randn(5,6)
```

运行结果为:

```
x =
    44.4417   22.9262   24.7284   24.2566   39.6722
    47.1738   28.3549   49.1178   32.6528   21.0714
    23.8096   36.4064   48.7150   47.4721   45.4739
    47.4013   48.7252   34.5613   43.7662   48.0198
    38.9708   48.9467   44.0084   48.7848   40.3621
```

```
y =
    0.4632    0.9766    0.5410    0.6360    0.6931    0.8713
    0.0733    0.9760    0.8295    0.9373    0.1775    0.9966
    0.6396    0.5881    0.4140    0.6187    0.8259    0.0960
    0.6910    0.7035    1.2904    0.5698    1.1134    0.1443
    0.2375    0.6552    0.5569    0.3368    0.3812    0.7806
```

计算均值和方差的程序如下：

```
x1 = reshape(x,1,25);
Mx = mean(x1),
Vx = var(x1),
y1 = reshape(y,1,30);
My = mean(y1),
Vy = var(y1)
```

运行结果为：

```
Mx =
    39.1928
Vx =
    96.2028
My =
    0.6271
Vy =
    0.0946
```

注意：由于 rand 函数和 randn 函数是随机数生成函数（伪随机数），因此每一次生成的数据都可能是不同的．但是均值和方差相差不大，特别是数据量比较大时．读者可以自行验证．

例 6.2 中国人民银行公布的 2005 年 1 月至 2011 年 12 月的我国企业商品价格总指数见表 6-1．

表 6-1 我国企业商品价格总指数

2005	2006	2007	2008	2009	2010	2011
104.67	101.1	104.6	108.4	95.8	104.5	108.0
104.82	100.7	104.5	109.2	94	105.7	108.7
103.48	100.8	104.2	110.2	93.4	105.6	109.3
102.81	101	104.6	110.3	92.9	106.6	108.5

续表

2005	2006	2007	2008	2009	2010	2011
103.16	101.5	105.1	109.6	92.4	107.1	108.8
103.01	102.3	105.4	109.5	92	106.6	109.5
102.72	102.5	106.1	109.4	92	105.9	109.7
102.13	102.9	106.5	108.2	92.9	106.0	108.9
101.43	103.6	106.2	107	94.1	106.1	108.4
100.93	103.8	106.5	104	96.3	107.8	105.9
100.71	104.1	107.4	99.6	100.4	108.6	103.2
100.76	105.1	107.6	96.9	103.4	107.9	102.3

记 x 表示所给数据，求其均值、中位数、标准差、方差、偏度和峰度.

解：可通过 MATLAB 中主页 "HOME" 中的 "Import data" 按钮导入数据（注意，要将上表复制到 Excel 或文本文件中），默认数据名为 data.

```
x = reshape(data,1,12*7);
Mean = mean(x)
Median = median(x)
Std = std(x)
Var = var(x)
Skewness = skewness(x)
Kurtosis = kurtosis(x)
```

运行结果为：

```
Mean =
    103.8113
Median =
    104.6000
Std =
    4.7747
Var =
    22.7981
Skewness =
    -0.9766
Kurtosis =
    3.3162
```

除此之外，MATLAB 中关于统计量描述的其他函数见表 6-2。

表 6-2 统计量描述函数

函数	描述
bootstrap	任何函数的自助统计量
corrcoef	相关系数
cov	协方差
crosstab	列联表
geomean	几何均值
grpstats	分组统计量
harmmean	调和均值
iqr	内四分极值
kurtosis	峰度
mad	中值绝对差
mean	均值
median	中值
moment	样本模量
nanmax	包含缺失值的样本的最大值
nanmean	包含缺失值的样本的均值
nanmedian	包含缺失值的样本的中值
nanmin	包含缺失值的样本的最小值
nanstd	包含缺失值的样本的标准差
nansum	包含缺失值的样本的和
prctile	百分位数
range	极值
skewness	偏度
std	标准差
tabulate	频数表
trimmean	截尾均值
var	方差

MATLAB 中借助于均匀分布随机数生成函数 rand、正态分布随机数生成函数 randn 和其他基本功能编写了各种子程序，构成了统计工具箱（Statistics）。在这个工具箱中，给出了概率论与数理统计课程中所需的主要函数。

6.2 统计工具箱

在统计工具箱中，有分布拟合（Distribution Fitting Tool（dfittool））、多项式拟合（Polynomial Fitting Tool（polytool））、非线性拟合（Nonlinear Fitting Tool（nlintool））等．这里主要介绍分布拟合工具箱及其相关知识，对于其他工具箱，读者可以通过上机操作加以熟悉．

6.2.1 分布拟合工具箱

在 Distribution Fitting Tool 中，可以选择例 6.1 中的数据 y_1 来拟合密度图像，结果如图 6 – 1 所示．

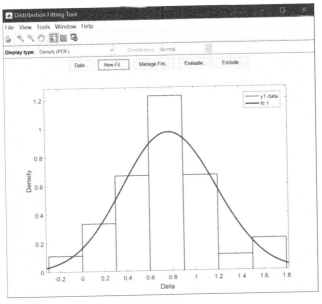

图 6 – 1 在 Distribution Fitting Tool 中，例 6.1 中数据 y_1 的拟合密度图

表 6 – 3 ~ 表 6 – 7 分别列出了概率论与数理统计教材中常见的统计工具箱函数中的概率密度函数、累积分布函数、累积分布函数的逆函数、随机数生成器函数及这些分布的理论统计特性（均值和方差）计算函数．概率密度函数后缀是 pdf（Probability Distribution Function）、累积分布函数后缀是 cdf（Cumulative Distribution Function）、累积分布函数的逆函数后缀是 inv（Inverse Cumulative Distribution Function）、随机数生成器函数后缀是 rnd、统计特性计算函数后缀是 stat.

对表中的某一分布，如正态分布，就有 normpdf、normcdf、norminv、normrnd、normstat 五个不同的函数，分别表示正态分布的概率密度函数、累积分布函数、累积分布函数的逆函数，以及其统计特性均值和方差．由于各种分布的解析形式都是已知的，因此这些子程序的编写并不困难．

表 6 – 3　概率密度函数

函数名	对应分布的概率密度函数
betapdf	贝塔分布的概率密度函数
binopdf	二项分布的概率密度函数
chi2pdf	卡方分布的概率密度函数
exppdf	指数分布的概率密度函数
fpdf	F 分布的概率密度函数
gampdf	伽马分布的概率密度函数
geopdf	几何分布的概率密度函数
hygepdf	超几何分布的概率密度函数
normpdf	正态（高斯）分布的概率密度函数
lognpdf	对数正态分布的概率密度函数
nbinpdf	负二项分布的概率密度函数
ncfpdf	非中心 F 分布的概率密度函数
nctpdf	非中心 t 分布的概率密度函数
ncx2pdf	非中心卡方分布的概率密度函数
poisspdf	泊松分布的概率密度函数
raylpdf	瑞利分布的概率密度函数
tpdf	t 分布的概率密度函数
unidpdf	离散均匀分布的概率密度函数
unifpdf	连续均匀分布的概率密度函数
weibpdf	威布尔分布的概率密度函数

表 6 – 4　累积分布函数

函数名	对应分布的累积分布函数
betacdf	贝塔分布的累积分布函数
chi2cdf	卡方分布的累积分布函数
expcdf	指数分布的累积分布函数
fcdf	F 分布的累积分布函数
gamcdf	伽马分布的累积分布函数
geocdf	几何分布的累积分布函数
hygecdf	超几何分布的累积分布函数

续表

函数名	对应分布的累积分布函数
logncdf	对数正态分布的累积分布函数
nbincdf	负二项分布的累积分布函数
ncfcdf	非中心 F 分布的累积分布函数
nctcdf	非中心 t 分布的累积分布函数
ncx2cdf	非中心卡方分布的累积分布函数
normcdf	正态（高斯）分布的累积分布函数
poisscdf	泊松分布的累积分布函数
raylcdf	瑞利分布的累积分布函数
tcdf	t 分布的累积分布函数
unidcdf	离散均匀分布的累积分布函数
unifcdf	连续均匀分布的累积分布函数
weibcdf	威布尔分布的累积分布函数

表 6-5　累积分布函数的逆函数

函数名	对应分布的累积分布函数逆函数
betainv	贝塔分布的累积分布函数逆函数
binoinv	二项分布的累积分布函数逆函数
chi2inv	卡方分布的累积分布函数逆函数
expinv	指数分布的累积分布函数逆函数
finv	F 分布的累积分布函数逆函数
gaminv	伽马分布的累积分布函数逆函数
geoinv	几何分布的累积分布函数逆函数
hygeinv	超几何分布的累积分布函数逆函数
logninv	对数正态分布的累积分布函数逆函数
nbininv	负二项分布的累积分布函数逆函数
ncfinv	非中心 F 分布的累积分布函数逆函数
nctinv	非中心 t 分布的累积分布函数逆函数
ncx2inv	非中心卡方分布的累积分布函数逆函数
norminv	正态（高斯）分布的累积分布函数逆函数
poissinv	泊松分布的累积分布函数逆函数
raylinv	瑞利分布的累积分布函数逆函数
tinv	t 分布的累积分布函数逆函数
unidinv	离散均匀分布的累积分布函数逆函数
unifinv	连续均匀分布的累积分布函数逆函数
weibinv	威布尔分布的累积分布函数逆函数

表6-6 随机数生成器函数

函数	对应分布的随机数生成器
betarnd	贝塔分布的随机数生成器
binornd	二项分布的随机数生成器
chi2rnd	卡方分布的随机数生成器
exprnd	指数分布的随机数生成器
frnd	F 分布的随机数生成器
gamrnd	伽马分布的随机数生成器
geornd	几何分布的随机数生成器
hygernd	超几何分布的随机数生成器
lognrnd	对数正态分布的随机数生成器
nbinrnd	负二项分布的随机数生成器
ncfrnd	非中心 F 分布的随机数生成器
nctrnd	非中心 t 分布的随机数生成器
ncx2rnd	非中心卡方分布的随机数生成器
normrnd	正态（高斯）分布的随机数生成器
poissrnd	泊松分布的随机数生成器
raylrnd	瑞利分布的随机数生成器
trnd	t 分布的随机数生成器
unidrnd	离散均匀分布的随机数生成器
unifrnd	连续均匀分布的随机数生成器
weibrnd	威布尔分布的随机数生成器

表6-7 分布函数的统计量函数

函数名	对应分布的统计量
betastat	贝塔分布函数的统计量
binostat	二项分布函数的统计量
chi2stat	卡方分布函数的统计量
expstat	指数分布函数的统计量
fstat	F 分布函数的统计量
gamstat	伽马分布函数的统计量

第 6 章　概率论与数理统计的 MATLAB 实现　　175

续表

函数名	对应分布的统计量
geostat	几何分布函数的统计量
hygestat	超几何分布函数的统计量
lognstat	对数正态分布函数的统计量
nbinstat	负二项分布函数的统计量
ncfstat	非中心 F 分布函数的统计量
nctstat	非中心 t 分布函数的统计量
ncx2stat	非中心卡方分布函数的统计量
normstat	正态（高斯）分布函数的统计量
poisstat	泊松分布函数的统计量
raylstat	瑞利分布函数的统计量
tstat	t 分布函数的统计量
unidstat	离散均匀分布函数的统计量
unifstat	连续均匀分布函数的统计量
weibstat	威布尔分布函数的统计量

例 6.3　利用表中给出的函数，求：

① 标准正态分布 $N(0,1)$、自由度为 10 的卡方分布 $\chi^2(10)$、二项分布 $B(10,0.2)$ 的密度函数和分布函数，并画出分布曲线；

② 求出各分布函数的值分别在 0.05 和 0.95 处的各随机变量的值；

③ 求出各分布的均值和方差．

解：借助于 MATLAB 中的帮助文件，了解密度函数 normpdf、chi2pdf、binopdf 和分布函数 normcdf、chi2cdf、binocdf 的用法，其余雷同．如键入 help normcdf，可知

```
            P = normcdf (X,MU,SIGMA)
returns the cdf of the normal distribution with mean MU and
standard deviation SIGMA, evaluated at the values in X. The
size of P is the common size of X, MU and SIGMA. A scalar
input functions as a constant matrix of the same size as the
other inputs.
    Default values for MU and SIGMA are 0 and 1, respectively.
```

这里，X 是一组数据，表示自变量；MU 和 SIGMA 分别为均值和标准差，0 和 1 时可省略．

需要注意的是，一般自变量 X 的取值不可能取到无穷，因此，一般保证涵盖 95% 的概率的主要区域即可．如标准正态分布中，X 取区间 [-3,3] 中的数即可．

① 程序如下：

```
    x1 = -3:0.1:3;              % 自变量 x1 取介于[-3,3]之间的等间
                                % 隔数,标准正态分布介于这个区间的概
                                % 率为 99.76
    f1 = normpdf(x1,0,1);       % 标准正态分布的概率密度函数值
    F1 = normcdf(x1,0,1);       % 标准正态分布的概率分布函数值
    subplot(2,2,1),plot(x1,f1,':',x1,F1,'-');
                                % 绘制正态分布密度曲线
                                % (虚线)和分布函数曲线(实线)
    title('N(0,1)');
    x2 = 0:0.1:20;              % 自变量 x2 取介于[0,20]之间的等间
                                % 隔数
    f2 = chi2pdf(x2,10);        % 卡方分布的概率密度函数值
    F2 = chi2cdf(x2,10);        % 卡方分布的概率分布函数值
    subplot(2,2,2),plot(x2,f2,':',x2,F2,'-');
                                % 绘制卡方分布密度曲线
                                % (虚线)和分布函数曲线(实线)
    title('{\chi^2}(10)');
    x3 = 0:10;                  % 自变量 x3 取介于[0,10]之间的
                                % 等间隔整数
    f3 = binopdf(x3,10,0.2);    % 二项分布的概率函数值
    F3 = binocdf(x3,10,0.2);    % 二项分布的分布函数值
    subplot(2,1,2),stem(x3,f3,'o');
                                % 绘制二项分布概率曲线(圈圈)
    hold on, stairs(x3,F3,'-'); % 绘制分布函数曲线(实线)
    title('B(10,0.2)');
```

运行结果如图 6-2 所示．需要注意的是，由于二项分布是离散型的，因此概率图像应该画成单点式，而分布函数图像是阶梯形的．

第 6 章　概率论与数理统计的 MATLAB 实现　177

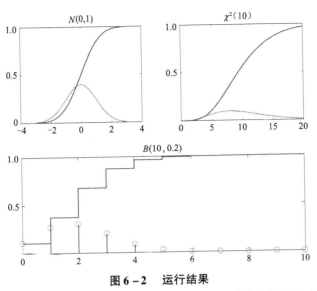

图 6-2　运行结果

(a) 标准正态分布的概率密度函数和分布函数；(b) 卡方分布的概率密度
函数和分布函数；(c) 二项分布的概率函数和分布函数

② 当分布函数 F 分别为 0.05 和 0.95 时，求自变量的值，可用分布函数的逆函数求解. 程序如下：

```
F =[0.05,0.95];
zalpha = norminv(F,0,1)        % 标准正态分布的 0.05 和 0.95
                               % 分位点
chi2alpha = chi2inv(F,10)      % 卡方分布的 0.05 和 0.95 分位点
balpha = binoinv(F,10,0.2)     % 二项分布的 0.05 和 0.95 分位点
```

运行结果为：

```
zalpha =
    -1.6449    1.6449
chi2alpha =
     3.9403   18.3070
balpha =
     0    4
```

③ 程序如下：

```
[Mu1,Var1] = normstat(0,1)     % 求标准正态分布的均值和方差
[Mu2,Var2] = chi2stat(10)      % 求卡方分布的均值和方差
[Mu3,Var3] = binostat(10,.2)   % 求标准正态分布的均值和方差
```

运行结果为：

```
Mu1 =
    0
Var1 =
    1
Mu2 =
    10
Var2 =
    20
Mu3 =
    2
Var3 =
    1.6000
```

例 6.3 中给出了正态分布、卡方分布和二项分布三种分布的计算，对其他分布，也可类似进行计算。

6.2.2　演示工具箱

利用 MATLAB 给出的演示工具箱可以得到各种分布曲线．键入"disttool"，会出现一个图形界面，如图 6-3 所示，其中有分布函数曲线和密度函数曲线，有各种参数和类型的选择框，可以方便地改变参数和类型，得到相应的曲线，读者可自行验证。

例 6.4　按例 6.3 中的三种分布，分别生成 10 000 个随机数，并画出它们的直方图。

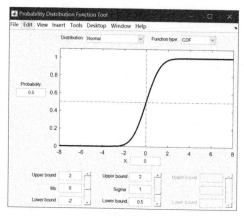

图 6-3　演示工具 disttool 生成的图形界面

解：程序如下：

```
n = 10000;
x1 = normrnd(0,1,1,n);          % 生成 n 个标准正态分布随
                                % 机数
subplot(2,2,1),hist(x1,30);     % 画出正态分布数据的直方图
title('N(0,1)');
x2 = chi2rnd(10,1,n);           % 生成 n 个卡方分布随机数
subplot(2,2,2),hist(x2,30);     % 画出卡方分布数据的直方图
title('{\chi^2(10)}');
x3 = binornd(10,0.2,1,n);       % 生成 n 个二项分布随机数
subplot(2,1,2),hist(x3,8);      % 画出二项分布数据的直方图
title('B(10,0.2)');
```

运行结果如图 6-4 所示.

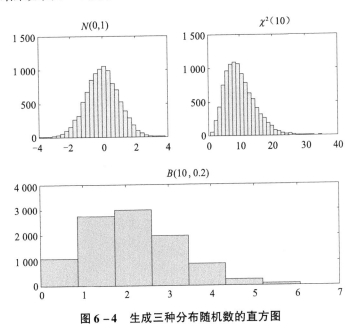

图 6-4　生成三种分布随机数的直方图

MATLAB 也给出了随机数生成的演示工具. 键入"randtool", 会出现图形界面, 如图 6-5 所示. 可以选择各种分布类型、随机数个数和改变各种参数, 得到相应的曲线, 读者可自行验证.

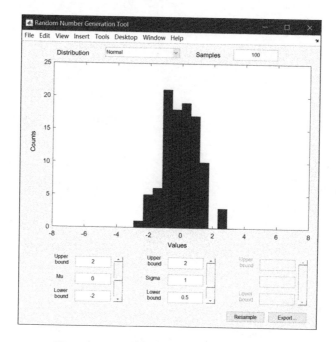

图 6-5 演示工具 randtool 生成的图形界面

6.3 参 数 估 计

参数估计包括点估计和区间估计. 对总体均值 μ 和总体方差 σ^2 的点估计一般使用样本均值 $\bar{x}$ 和样本方差 s^2,估计函数在例 6.1 中给出. 区间估计可以利用例 6.3 中②中的方法,采用累积分布函数的逆函数确定 $\alpha/2$ 分位点和 $1-\alpha/2$ 分位点. 除此之外,MATLAB 统计工具箱已经把所有估计集成起来. 下面简单介绍几个估计函数,其余的可以通过 MATLAB 中的帮助文件查询.

6.3.1 normfit 函数

normfit 函数可以求出正态分布数据的参数估计,可用如下用法之一:

[muhat,sigmahat] = normfit(x)

[muhat,sigmahat,muci,sigmaci] = normfit(x)

[muhat,sigmahat,muci,sigmaci] = normfit(x,alpha)

其中,x 是数据矩阵;$1-$alpha 是置信度,缺省值是 95%;muhat、sigmahat 是正态总体均值 μ 和标准差 σ 的数据 x 各列的估计值;muci、sigmaci 分别有两行,列数与 x 的列数相同,上下两行的数据分别表示置信度为 $1-$alpha 的 μ 和 σ 的置信区间的下限和上限.

表 6-8 给出了一些常见分布的参数估计函数.

表 6-8 参数估计函数

函数名	对应分布的参数估计
betafit	贝塔分布的参数估计
betalike	贝塔对数似然函数的参数估计
binofit	二项分布的参数估计
expfit	指数分布的参数估计
gamfit	伽马分布的参数估计
gamlike	伽马似然函数的参数估计
mle	极大似然估计的参数估计
normlike	正态对数似然函数的参数估计
normfit	正态分布的参数估计
poissfit	泊松分布的参数估计
unifit	均匀分布的参数估计
weibfit	威布尔分布的参数估计
weiblike	威布尔对数似然函数的参数估计

例 6.5 产生 100×2 均值 μ 为 10、标准差 σ 为 2 的正态随机矩阵,利用 normfit 函数求出 μ 和 σ 点估计和区间估计.

解:程序如下:

```
x = normrnd (10, 2, 100, 2);
[muhat, sigmahat, muci, sigmaci] = normfit (x)
```

运行结果如下:

```
muhat =
    9.8420    10.0396
sigmahat =
    1.9256    1.8382
muci =
    9.4600    9.6749
   10.2241   10.4044
sigmaci =
    1.6907    1.6140
    2.2369    2.1354
```

6.3.2 betalike 函数

betalike 函数可以求出贝塔函数的极大似然估计，可用如下用法之一：
nlogl = betalike(params,x)
[nlogl,info] = betalike(params,x)
其中，params 是二维参数向量；x 是数据。如果输入参数 params 是极大似然估计值，返回值 nlogl 是对数似然负函数，info 为费歇尔信息阵，其主对角线上的元素为各参数的渐近方差。

例 6.6 产生 100 个服从贝塔分布的数据，参数真值分别为 4 和 3，利用 betalike 函数求出贝塔函数的极大似然估计。

解：程序如下：

```
x = betarnd(4,3,100,1);
[p,ci] = betafit(x,0.01)
[nlogl,info] = betalike(p,x)
```

运行结果如下：

```
p =
    3.5268    2.8670
ci =
    2.2025    1.8441
    4.8511    3.8900
nlogl =
    -39.4000
info =
    0.2713    0.2328
    0.2328    0.2647
```

注意到 betalike 函数中，对于给定的数据 x，参数 p 必须先用参数估计方法估计出来。极大似然估计还可以用 mle 函数，具体用法可参看 MATLAB 中的帮助文件。

例 6.7 产生服从二项分布 $B(20, 0.75)$ 的数据 20 次，利用 mle 函数求出该二项分布的极大似然估计和 95% 置信区间。

解：程序如下：

```
x = binornd(20,0.75,1,20)
[p,pci] = mle('binomial',x,0.05,20)
```

两次运行结果如下：

```
x =
14  16  13  17  12  17  16  18  13  19  16  13  14  14
15  18  14  12  15  14
p =
    0.7500
pci =
    0.7046
    0.7917
x =
12  14  16  14  16  17  16  15  18  16  12  12  13
16  14  14  17  17  17  16
p =
    0.7550
pci =
    0.7098
    0.7964
```

注意到函数

$$[\text{phat},\text{pci}] = \text{mle}('\text{dist}',\text{data},\text{alpha},N)$$

中用到的试验次数 N 仅用于二项分布．这里 phat 为 'dist' 指定分布中参数 p 的极大似然估计；pci 为参数 p 的 $1-\text{alpha}$ 置信区间．

第 6 章练习题

1. 建立随机矩阵：
(1) 在区间 $[10, 99]$ 内均匀分布的 3 行 4 列整数随机矩阵；
(2) 均值为 3、方差为 4 的 5 阶正态分布随机矩阵．
将随机矩阵拉成向量形式，并按照所生成的随机数，求出它们的均值、方差、中位数、偏度、峰度和极值．

2. 用上题中相同的方法生成二项分布、指数分布、对数正态分布和泊松分布的 5 阶随机矩阵，参数选择不超过 10，并求与上题相同的统计指标．

3. 利用统计工具箱，对习题 1 和 2 生成的数据进行分布的拟合，数据量取到 100，拟合时给出拟合误差．

4. 钢材中的含硅量是影响材料性能的一项重要因素．在炼钢过程中，由于各种随机因素的影响,个炉钢的含硅量是有差异的. 对含硅量的概率分布的了解是有关钢材料性能分析的重要依据. 某炼钢厂 120 炉正常生产的 25MnSi 钢的含硅量（单位:%）如下：

```
0.86  0.83  0.77  0.81  0.81  0.80  0.79  0.82  0.82  0.81
0.82  0.78  0.80  0.81  0.87  0.81  0.77  0.78  0.77  0.78
0.77  0.71  0.95  0.78  0.81  0.79  0.80  0.77  0.76  0.82
0.84  0.79  0.90  0.82  0.79  0.82  0.79  0.86  0.81  0.78
0.82  0.78  0.73  0.84  0.81  0.81  0.83  0.89  0.78  0.86
0.78  0.84  0.84  0.75  0.81  0.81  0.74  0.78  0.76  0.80
0.75  0.79  0.85  0.78  0.74  0.71  0.88  0.82  0.76  0.85
0.81  0.79  0.77  0.81  0.81  0.87  0.83  0.65  0.64  0.78
0.80  0.80  0.77  0.84  0.75  0.83  0.90  0.80  0.80  0.81
0.82  0.84  0.85  0.84  0.82  0.85  0.84  0.82  0.85  0.84
0.81  0.77  0.82  0.83  0.82  0.74  0.73  0.75  0.77  0.78
0.87  0.77  0.80  0.75  0.82  0.78  0.78  0.82  0.78  0.78
```

（1）给出样本数据的均值、方差、中位数、偏度、峰度和极值；

（2）画出频数直方图；

（3）分别用三种 MATLAB 中已有的分布如正态分布、Weibull 分布、局部 t 分布等进行拟合，给出最好的拟合结果.

5. 利用表 6–3 和表 6–4 给出的函数求

（1）正态分布 $N(3,2.5)$、伽马分布 Gamma$(3,1/4)$ 的密度函数和分布函数，并画出各自的分布曲线；

（2）泊松分布 Poisson(3) 的概率函数和分布函数，并画出各自的分布曲线；

（3）求出各分布函数的值分别在 0.05 和 0.95 处的各随机变量的值；

（4）求出各分布的均值和方差.

6. 按习题 5 中的两种分布，分别生成 5 000 个随机数，并画出它们的直方图.

7. 产生 100 个服从 0–1 分布 $B(1,1/4)$ 的数据，利用 mle 函数求出该分布的极大似然估计和 95% 置信区间.

8. 产生 1 000 个和 5 000 个服从伽马分布的数据，参数自己选定，利用 gamfit 函数求出该分布的参数估计和 95% 置信区间，并进行比较.

第7章 MATLAB综合应用

MATLAB的学习与使用归根到底是为了实际问题的计算和仿真,本章将在前面几章内容的基础上,介绍几个基于MATLAB的实际问题计算与求解.每个小问题既有简单原理的叙述,又有MATLAB计算的程序,以便学习者提高MATLAB的综合应用能力.

7.1 基于MATLAB的流感传播动力学模型参数估计与仿真

7.1.1 流感传播动力学建模简介

1. 传染病动力学理论

传染病动力学是针对传染病的流行规律进行理论性定量研究的一种重要方法,是根据种群生长的特性,疾病的发生及在种群内的传播、发展规律,以及与之有关的社会等因素,建立能反映传染病动力学特性的数学模型. 通过对模型动力学性态的定性、定量分析和数值模拟,来分析疾病的发展过程,揭示流行规律,预测变化趋势,分析疾病流行的原因和关键因素,寻求预防和控制的最优策略,为人们制定防治决策提供理论基础和数量依据. 近年来,国际上传染病动力学的研究进展迅速,大量的数学模型被用于分析各种各样的传染病问题,也取得了一定的成果. 对于2003年发生的SARS疫情,石耀霖构建了SARS传播的系统动力学模型,以越南的数据为参考,进行了Monte Carlo实验. 结果表明,感染率及其随时间的变化是影响SARS传播的最重要因素.

从国内外的研究历史和发展现状来看,传染病动力学建模方法最广泛的应用是由Kermack与McK-endrick建立的仓室模型理论. 其基本建模思想为:

① 将总人口分为易感者(S)、感染者(I)和恢复者(R)等若干类,也称为"仓室";

② 根据各个"仓室"人群流入和流出的平衡关系,建立微分方程模型.

以最简单的 SIR 模型为例，图 7-1 的"仓室"图描述的是易感者从染病到康复的过程. 建立的微分方程模型为：

$$\begin{cases} \dfrac{dI}{dt} = \beta SI - \gamma I \\ \dfrac{dS}{dt} = -\beta SI \\ \dfrac{dR}{dt} = \gamma I \end{cases} \tag{7.1}$$

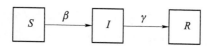

图 7-1　SIR 模型"仓室"图

其中，β、γ 分别表示单位时间内传染病的有效接触率和恢复率.

2. 甲型 H1N1 流感传播模型建立

甲型 H1N1 流感的传播途径是与病源的直接接触，与普通流感、禽流感相比，潜伏期较长，因此，建立仓室模型时，应考虑加入潜伏者类. 对 SIR 模型加以改进，就可以得到甲型 H1N1 流感传播的 SEIR 模型. 此时，易感者从患病到康复移出的过程如图 7-2 所示.

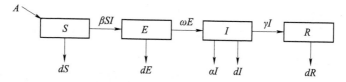

图 7-2　SEIR 模型"仓室"图

建立的 SEIR 模型如下：

$$\begin{cases} S' = A - \beta SI - dS \\ E' = \beta SI - (\omega + d)E \\ I' = \omega E - (\gamma + \alpha + d)I \\ R' = \gamma I - dR \end{cases} \tag{7.2}$$

其中，总人口 $N(t) = S(t) + E(t) + I(t) + R(t)$；$A$ 表示人口的常数输入数目，即单位时间内输入的人口总数，本章认为都是易感者；$\dfrac{1}{\omega}$ 为潜伏期；d 代表自然死亡率系数；γ 表示感染者的恢复率系数；α 表示因流感而死亡的死亡率系数.

7.1.2 关键参数蒙特卡洛估计的 MATLAB 实现

研究数据来自中国卫生部网站公布的 2009 年 6 月 14 日—7 月 11 日的甲型 H1N1 流感疫情数据，见表 7 - 1.

表 7 - 1 疫情数据

日期	新增病例	确诊病例	累计治愈	累计新增治愈数	患病者
6 月 15 日	41	226	86	13	140
6 月 16 日	11	237	97	11	140
6 月 17 日	27	264	114	17	150
6 月 18 日	33	297	135	21	162
6 月 19 日	31	328	160	25	168
6 月 20 日	28	356	185	25	171
6 月 21 日	58	414	199	14	215
6 月 22 日	27	441	227	28	214
6 月 23 日	49	490	251	24	239
6 月 24 日	38	528	275	24	253
6 月 25 日	42	570	321	46	249
6 月 26 日	48	618	373	35	245
6 月 27 日	60	678	373	35	305
6 月 28 日	51	729	401	28	328
6 月 29 日	37	766	445	44	321
6 月 30 日	44	810	496	51	314
7 月 1 日	56	866	554	58	312
7 月 2 日	49	915	612	58	303
7 月 3 日	45	960	660	48	300
7 月 4 日	40	1000	704	44	296
7 月 5 日	40	1040	749	45	291
7 月 6 日	57	1097	793	44	304
7 月 7 日	54	1151	870	77	281
7 月 8 日	36	1187	927	57	260
7 月 9 日	36	1223	985	58	238
7 月 10 日	40	1263	1035	50	228
7 月 11 日	39	1302	1085	50	217

四类人群的初值见表7-2。

表7-2 四类人群的初值

初值	$S(0)$	$E(0)$	$I(0)$	$R(0)$
人数	5 999 860	71	140	86

据统计，2009年全国自然出生率为12.13‰，自然死亡率为7.08‰，甲流的病死率是0.54%．假定总人口恒定，计算可得$A=116$人．甲流患者一般需要1周左右的时间痊愈，甲流的潜伏期为1~7天，本章取中位数4天作为甲流潜伏期．部分参数值见表7-3．

表7-3 部分参数值

日均自然死亡率 d/‰	潜伏期 $\frac{1}{\omega}$/天	因病死亡率 α/‰	染病期 $\frac{1}{\gamma}$/天
1.94×10^{-2}	4	5.4	7

利用表7-1的数据、表7-2的初值及表7-3的参数值，通过非线性最小二乘法估计出参数β值为1.194×10^{-7}，拟合曲线如图7-3所示．MATLAB程序如下：

```
%%%%%%%%%%%%%% SEIR_Model.m %%%%%%%%%%%%%%%
functionDy = SEIR_Model(t,y,p)
% This function is designed for the model of SEIR
% p(1)为感染率
% p(2)为因流感而死亡的死亡率
% p(3)为感染者的恢复系数
% p(4)为自然死亡率系数
% k(1)为迁入人数
% k(2)为潜伏期系数
global k;
Dy = zeros(4,1);
Dy(1) = k(1) -p(1) *y(1) *y(3) -p(4) *y(1);
Dy(2) = p(1) *y(1) *y(3) -(k(2) +p(4)) *y(2);
Dy(3) = k(2) *y(2) -(p(2) +p(3) +p(4)) *y(3);
Dy(4) = p(3) *y(3) -p(4) *y(4);
end
```

```matlab
%%%%%%%%%%%%% SEIR_Solve.m %%%%%%%%%%%%%
function sol = SEIR_Solve(p,IC,t)
% The function can solve the system of differential equations
% and it returns the numerical solutions
DeHandle = @(t,y) SEIR_Model(t,y,p);
[t,Y] = ode45(DeHandle,t,IC);
sol = Y';
end

%%%%%%%%%%%%% Fitting.m %%%%%%%%%%%%%
data = xlsread('data.xlsx');
global k p;
Id = data(1:27);
td = 1:1:length(Id);
IC = [5999860,71,140,13];
p0 = [0.00001,0.005,1/7,0.0000197];
k = [116,1/4];
tsol2 = 1:1:length(Id);
lp = [0,0.0000003,1/30,0.000001];
up = [0.01,0.001,0.5,0.1];
SEIR2parSol3 = @(p,t) [0 0 1 0] * SEIR_Solve(p,IC,t);
[SEIR2theta1, resnorm, residual, exitflag1,output] = ...
lsqcurvefit(SEIR2parSol3,p0,td,Id,lp,up);
SEIR2sol1 = SEIR2parSol3(SEIR2theta1,tsol2);
format long;
p = SEIR2theta1;
beta = p(1);
plot(td,Id,'r +');
hold on;
plot(tsol2,SEIR2sol1,'b - -');
xlabel('日期');
ylabel('感染者人数/人');
legend('为实际感染者数据','为拟合曲线',4);
```

```
set(gca,'XTick',1:5:31);
set(gca,'XTickLabel',{'6月15日','6月20日','6月25日','6月30
日','7月5日',...'7月10日'});
%%%%%%%%%%%%%%%%%%%%%%%%%%%%%%%%%%%
```

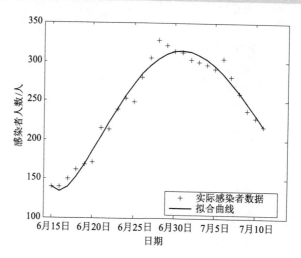

图 7-3 参数拟合曲线

基于上面的结果，用 Bootstrap 蒙特卡洛方法对 β 进行区间估计，具体步骤如下．

① 定义残差：

$$\ln \hat{I}_j = \ln I_j + \varepsilon_j, \qquad i = 1, 2, \cdots, n \tag{7.3}$$

从而有

$$\hat{I}_j = I_j * e^{\varepsilon_j}, \qquad i = 1, 2, \cdots, n \tag{7.4}$$

② 通过从 $\{\varepsilon_1, \varepsilon_2, \cdots, \varepsilon_n\}$ 中均匀随机抽样，产生一个 Bootstrap 样本 $\{\hat{I}_1^*, \hat{I}_2^*, \cdots, \hat{I}_n^*\}$，同时用最小二乘法估计 β 值，得到 β_1^*．

③ 重复过程② N 次，得到 $\beta_2^*, \beta_3^*, \cdots, \beta_N^*$．

④ 用百分位法来确定置信区间．对 $\beta_1^*, \beta_2^*, \cdots, \beta_N^*$ 按从小到大进行排序，得到 $\beta_{(1)}^*, \beta_{(2)}^*, \cdots, \beta_{(N)}^*$．令 β 的置信水平为 $1-\alpha$，取 $k_1 = \left[N \times \dfrac{\alpha}{2} \right]$，$k_2 = \left[N \times \left(1 - \dfrac{\alpha}{2}\right) \right]$，以 $\beta_{(k_1)}^*, \beta_{(k_2)}^*$ 分别作为 $\beta_{\alpha/2}^*, \beta_{1-\alpha/2}^*$ 的估计，从而得到 β 的置信水平为 $1-\alpha$ 的近似置信区间为 $[\beta_{(k_1)}^*, \beta_{(k_2)}^*]$．

⑤ 通过 MATLAB 编程实现上述过程，程序如下．

```matlab
%%%%%%%%%%%%%% MC_beta.m %%%%%%%%%%%%%%
a = 0.05;
N = 1000;
e = log(Id) - log(SEIR2sol1);
beta = zeros(1,N);
for i = 1:N                    % 重抽样产生 Bootstrap 样本
    Id1 = zeros(1,27);
    S = unidrnd(27,27,1);
    for j = 1:27
Id1(j) = SEIR2sol1(j)*exp(e(S(j)));
    end
global k p;
td1 = 1:1:27;
IC = [5999860,71,140,13];
p0 = [0.00001,0.005,1/7,0.0000197];
k = [116,1/4];
lp = [0,0.0000003,1/30,0.000001];
up = [0.01,0.001,0.5,0.1];
SEIR2parSol3 = @(p,t)[0 0 1 0]*SEIR_Solve(p,IC,t);
[SEIR2theta1,resnorm,residual,exitflag1,output] = ...
    lsqcurvefit(SEIR2parSol3,p0,td1,Id1,lp,up);
SEIR2sol2 = SEIR2parSol3(SEIR2theta1,td1);
format long;
p = SEIR2theta1;
beta(i) = p(1);
subplot(1,2,1);
plot(td1,Id1,'r+');
hold on;
plot(td1,SEIR2sol2,'b--');
hold on
end
legend('Bootstrap 样本数据','拟合曲线',4)
set(gca,'XTick',1:5:31);
set(gca,'XTickLabel',{'6.15','6.20','6.25','6.30','7.5','7.10'});
```

```
subplot(1,2,2);
hist(beta,10);
beta1 = sort(beta);
q1 = N*a/2;q2 = N*(1-a/2);
bet1 = beta1(q1);
bet2 = beta1(q2);
CI = [bet1,bet2]
%%%%%%%%%%%%%%%%%%%%%%%%%%%%%%%%%%%%%
```

当抽样执行 1 000 次, 即 $N = 1\,000$ 时, 得到 β 的 95% 置信度的置信区间为 $[1.013\,5 \times 10^{-7}, 1.430\,5 \times 10^{-7}]$. 图 7-4 (a) 为 Bootstrap 样本和拟合的数据图像, 对每个 Bootstrap 样本运用非线性最小二乘法产生的 β 的频率分布直方图如图 7-4 (b) 所示.

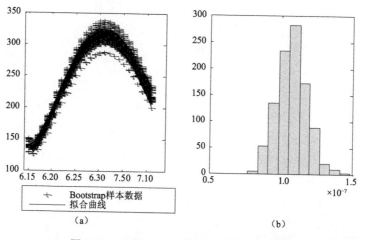

图 7-4 Bootstrap 方法估计 β 的置信区间

7.1.3 流感传播趋势的 MATLAB 仿真与 GUI 设计

1. 感染者预测

当 β 取置信区间的两个端点时, 对未来四天感染者人数进行预测, 结果如表 7-4 和图 7-5 所示.

表 7-4 感染者人数预测

日期	7月12日	7月13日	7月14日	7月15日
$\beta = 1.013\,5 \times 10^{-7}$	202	187	172	157
$\beta = 1.430\,5 \times 10^{-7}$	204	189	175	161

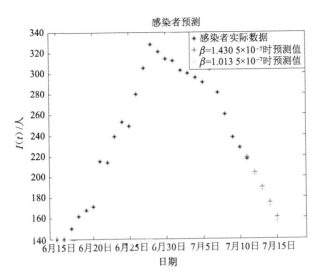

图 7-5 感染者人数预测

MATLAB 程序为：

```
%%%%%%%%%%%% SEIR_Model2.m%%%%%%%%%%%%
function Dy = SEIR_Model2(t,y)
% This function is designed for the model of SEIR
% p(1)为感染率
% p(2)为因流感而死亡的死亡率
% p(3)为感染者的恢复系数
% p(4)为自然死亡率系数
% k(1)为迁入人数
% k(2)为潜伏期系数
global k p;
Dy = zeros(4,1);
Dy(1) = k(1) - p(1)*y(1)*y(3) - p(4)*y(1);
Dy(2) = p(1)*y(1)*y(3) - (k(2) + p(4))*y(2);
Dy(3) = k(2)*y(2) - (p(2) + p(3) + p(4))*y(3);
Dy(4) = p(3)*y(3) - p(4)*y(4);
end
%%%%%%%%%%%% forecast.m%%%%%%%%%%%%
data = xlsread('data.xlsx');
global k p;
```

```matlab
    Id = data(1:27);
   td = 1:1:length(Id);
   IC = [5999860,71,140,13];
   k = [116,1/4];
   tsol2 = 1:1:length(Id);
   lp = [0,0.0000003,1/30,0.000001];
   up = [0.01,0.001,0.5,0.1];

%%%%%%%%%%%%%%%%%%%%%%%%%%%%%%%%%%
   p0 = [1.0135e-7,0.005,1/7,0.0000197];
   SEIR2parSol3 = @(p,t) [0 0 1 0]*SEIRSolve3(p,IC,t);
   [SEIR2theta1,resnorm,residual,exitflag1,output]...
   = lsqcurvefit(SEIR2parSol3,p0,td,Id,lp,up);
   SEIR2sol1 = SEIR2parSol3(SEIR2theta1,tsol2);
   format long;
   p = SEIR2theta1;
   td1 = 27:1:31;
   [t,Y] = ode45('SEIR_Model2',t,IC);
   temp = Y(:,3);
   Id1 = temp(27:31);
%%%%%%%% beta = 1.4305e-7 时感染者预测%%%%%%%%
   p1 = [1.4305e-7,0.005,1/7,0.0000197];
   SEIR2parSol3 = @(p,t) [0 0 1 0]*SEIRSolve3(p,IC,t);
   [SEIR2theta12,resnorm,residual,exitflag1,output] = ...
   lsqcurvefit(SEIR2parSol3,p1,td,Id,lp,up);
   SEIR2sol2 = SEIR2parSol3(SEIR2theta1,tsol2);
   p = SEIR2theta12;
   [t,Y] = ode45('SEIR_Model2',t,IC);
   temp = Y(:,3);
   Id2 = temp(27:31);

%%%%%%%%% beta = 1.0135e-7 时感染者预测%%%%%%%%
 plot(td,Id,'b*');
 hold on;
```

```
plot (td1, Id1, 'r +');
hold on;
plot (td1, Id2, 'g +');
hold on;
xlabel ('日期');
ylabel ('I (t) /人');
title ('感染者预测');
legend ('为6.15~7.11感染者实际数据', '为 \beta =1.4305e -7
时的预测值',...
'为 \beta =1.0135e -7时的预测值');
set (gca, 'XTick', 1: 5: 31);
set (gca, 'XTickLabel', {'6月15日', '6月20日', '6月25日',
'6月30日',... '7月5日', '7月10日', '7月15日'});
%%%%%%%%%%%%%%%%%%%%%%%%%%%%%%%%%%
```

2. GUI 设计

通过 MATLAB 编程，将上述参数拟合、区间估计、感染者预测过程以 GUI 界面呈现出来，如图 7-6~图 7-8 所示.

由于 GUI 设计的 MATLAB 程序过长，请参照附录-1.

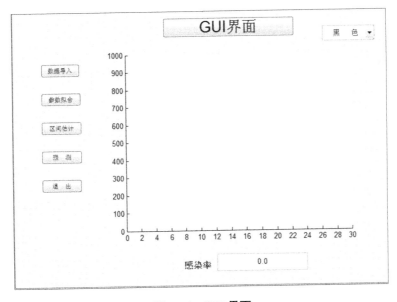

图 7-6　GUI 界面

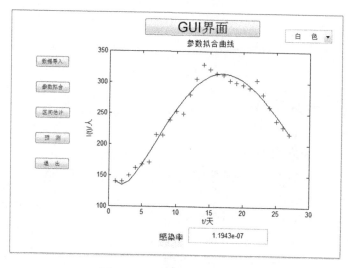

图 7-7　参数拟合 GUI 界面

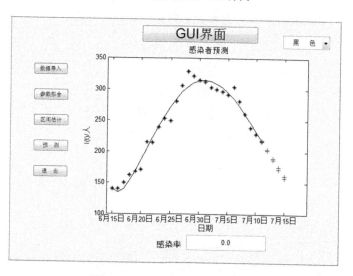

图 7-8　感染者预测 GUI 界面

7.2　基于 MATLAB 的血液光谱数据模式识别

7.2.1　模式识别简介

模式识别是研究图像或各种物理对象与过程的分类和描述的学科."模式"这一概念的形成可以由演绎归纳过程而得到. 首先, 假定模式这一概念是观察者本身所固有的, 或者假定观察者是通过对许多不完全例子的观察而抽象出这一概念的，当这些被观察的例子被标以代表一种或几种已给定的模式时，这一过程可以称为"有导师"或"有监督"的学习．如果没有这样的标记，也同样可实现行之有效的过程，称为"无导师"或"无监督"的学习．"识别"这两个字分开来解释，有"认识"和"区别"的含义．说"识别某物件"包含有这样的意思：去认识它，并且能从一堆物件中把它与别的物件区别开来．

在早期的模式识别的研究中，模式的特征被表示为一个数组，它们是对原始数据进行各种测量所得的结果．这些数据可以解释为矢量空间中点的坐标，如果特征来自同一模式的物体，就几何距离而论，其对应点总是很接近的．于是模式识别问题就变成寻找空间中一些区域的问题，这些区域上的点来源于某个单一模式，这就是分类．由于解决这类问题的方法多数基于贝叶斯（Bayes）决策统计理论，所以称这类方法为统计模式识别．应用统计决策理论进行模式识别，必须建立在能正确测量或抽取模式特征的基础上，然而统计模式识别方法不能提供对测量或抽取特征的指导．特别是在复杂模式情况下，抽取特征是相当困难的．

在20世纪60年代后期，这一困难把许多研究者引导到一个不同的方法上，即句法模式识别．这种方法的基本思想是把一个复杂模式用简单的子模式或基元递归地描述．由于这一原因，形式语言中的许多方法都可以应用．但句法方法在本质上是一种串行的操作，这一性质给句法方法的应用带来了很大的局限性．

句法模式识别是建立在二值逻辑基础上的，而在人们的日常生活中，普遍存在着模糊概念，它们都是一些既有区别又有联系的无确定分界的概念．为了描述和分析自然界中各种模糊事物，近年来又出现一种基于连续逻辑的模式识别方法——模糊集的模式识别法．这种方法既有其数学基础（模糊数学），又更接近于人的思维方法．在模糊聚类中，每个样本不再仅属于某一类，而是以一定的隶属度分属于每一类，得到了样本属于各个类别的不确定性的描述，因而就能更准确地反映现实世界．

模式识别（Pattern Recognition）是根据研究对象的特征或属性，利用以计算机为中心的机器系统运用一定的分析算法确定其分类，系统应使分类识别的结果尽可能符合真实．而在实际问题中，系统往往借助于MATLAB软件编程实现．

7.2.2 血液光谱数据分类识别的 MATLAB 实现

光谱识别技术中，传统的模式识别方法主要基于特征模式描述的判别函数法（又叫统计模式识别法，Statistical pattern recognition）和基于基元模式描述的句法模式识别法（syntax pattern recognition）. 其中,句法模式识别法以图形结构特征为基础,运用形式语言理论的技术,适用于复杂景物图像分析和理解;判别函数法以实验样本在特征空间中的类概率密度为基础. 光谱识别技术主要采用的是判别函数法.

对于光谱,常利用光谱线的波长、强度和谱线宽度等特征信息,对光谱进行识别. 识别方法一般是采用分类技术,将待识别光谱与已知的模板光谱匹配,从而将待识别光谱划分到相应的类别上. 在实际中,由于获取光谱时的测量误差、强噪声的干扰、识别技术的限制,使得待测光谱与模板很难匹配准确,造成光谱识别率较低.

传统的统计模式分类方法是以经典统计学为基础,在假设训练样本数目足够多的前提下进行研究的,只有当训练样本无穷大时,其性能才能达到理论上的最优. 然而,在很多实际的模式识别问题中,样本数目是有限的,无法获得各类的先验概率和概率分布密度函数,难以形成复杂的判别函数和分割界面等. 人工神经网络分类方法（如 BP 网络）具有良好的容错能力和自适应性,对模式先验概率分布的要求较小,因而具有比较好的性能,但是神经网络方法也有一些缺点,如局部极值点问题、训练收敛速度太慢、分类性能对各类差别较大等.

模糊模式识别不需要对数据的概率分布做出任何假设,也不需要估计概率密度中的参数,通过对训练样本的直接统计学习,掌握样本中隐含的规律,实现对数据的划分;由于受到噪声、仪器状态、实验员人为原因等诸多因素的影响,光谱的高度重复性不强,大量数据和研究表明,很难对其进行精确分类,模糊模式识别方法是利用模糊数学的原理与方法解决分类识别的问题,以获得含有更多信息、更真实的结果.

模糊模式识别方法通过建立隶属函数,用模糊集合来标记问题论域中客观存在的不确定性,并基于模糊集理论中简便有效的集合运算来实现特征量的操作和变换,因而能够模仿人脑判别不确定性事物的机理,充分利用冗余信息,有效处理各种不确定性信息,提高识别系统的可靠性和智能程度.

以上述理论为指导,采用了糊模式识别的方法对动物全血发射光谱进行分类识别. 待处理的光谱数据为羊、鼠、鸡、鸽全血发射光谱数据,是在长春理工大学激光与纳米材料实验室采集的,光谱仪的参数为:仪器（Cary Eclipse）、仪器序列号（MY13450002）、采样类型（荧光）、扫描模式（发射）、激发波长（200 nm）、激发狭缝（5 nm）、发射狭缝（10 nm）、扫描速度（600.00 nm/min）.

1. 数据预处理

在光谱仪上测量到的光谱数据除有用信号外,还包含噪声,其表现为光谱图上的毛刺,具有高频特征,如图 7-9 所示,不利于特征提取. 为消除这些毛刺,常采用数据平滑技术对原始光谱进行处理,其 MATLAB 程序如下:

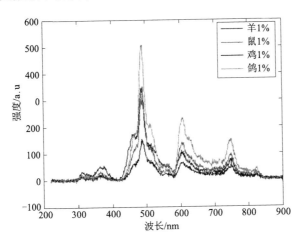

图 7-9 原始数据光谱图像

```
%%%%%%%%%%%%%%%%%%%%%%%%%%%%%%%%%%%
% --功能:作原始数据图像--
% --
clear;
format long;
% --读取原始光谱数据
dataY = xlsread('yang1% 1 -25.xlsx');
dataS = xlsread('shu1% 1 -25.xlsx');
    dataJ = xlsread('ji1% 1 -25.xlsx');
    dataG = xlsread('ge1% 1 -25.xlsx');
    x = dataY(1:681,1);
% --作图
figure
plot(x,dataY(1:681,10),'r -','LineWidth',1.4);
hold on;
plot(x,dataS(1:681,10),'g -','LineWidth',1.4);
hold on;
```

```
    plot (x, dataJ (1: 681, 10), 'b-', 'LineWidth', 1.4);
    hold on;
    plot (x, dataG (1: 681, 10), 'c-', 'LineWidth', 1.4);
    xlabel ('波长/nm');
    ylabel ('强度/a.u');
    legend ('羊1%', '鼠1%', '鸡1%', '鸽1%');
%%%%%%%%%%%%%%%%%%%%%%%%%%%%%%%%
```

目前，常用的光谱去噪方法主要有 FFT（快速傅里叶变换）滤波、小波变换去噪和临域平均值法．采用这些方法并结合 MATLAB 程序均可以对光谱数据进行平滑处理．经比较，三种方法的平滑结果对血液光谱来说区别不大．考虑到临域平均值法在算法上较为简单，容易实现，因而，采用了临域平均值法对血液光谱数据进行平滑处理．

所谓的临域平均值法，是选取固定的点数，将各点的纵坐标值求和后除以点数，得到这一组数的中心横坐标处的平均纵坐标值．然后，去掉这一组数中左端一个点，向前移动一个采样点，重复上述平均，得到平滑曲线的下一个值．如此反复进行，就可以得到整个曲线平滑后的数据．其数学表达式为：

$$Y_k = \frac{1}{2m+1}\left(\sum_{j=-m}^{m} y_{k-j}\right) \qquad (7.5)$$

其中，$k = m+1, m+2, \cdots, n-m$；$2m+1$ 为平滑窗口宽度，即 $2m+1$ 点移动平均．

例如，当 $m = 1$ 时，为三点移动平均

$$Y_k = \frac{1}{3}(y_{k-1} + y_k + y_{k+1}) \qquad (7.6)$$

这里，y_{k-j} 为不同点的数据值；Y_k 为以 k 点为中心的 $2m+1$ 个数的平均值．对于光谱平滑处理，光谱两端的数据没有可用信息，对平滑结果也没有影响，故可不做端点处理．

理想白噪声的平滑处理效果，随 m 的增大而大大改善．但 m 增大时，信号波形会受平滑处理的影响而产生偏移．在对光谱进行平滑时，m 取值越大，谱线越趋光滑，但谱线的细微特征会被平滑掉，也会造成光谱谱线形状畸变，所以需选择合适的 m 值．在所选光谱仪参数的条件下，光谱平滑次数越多，光谱平滑效果越好，但当平滑次数增多时，光谱微小差别也会被平滑掉，所以平滑次数也要合适．实验表明，对血液光谱进行五点（即 $m = 2$）一次平滑即可得到较好的平滑效果，如图 7 – 10 所示．程序如下：

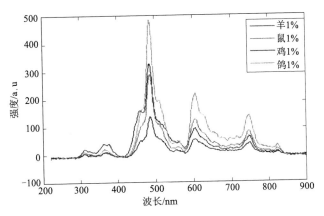

图 7-10 平滑处理后光谱图像

```
%%%%%%%%%%%%%%%%%%%%%%%%%%%%%%%
function [ X ] = near_Mean(x,m)
% --临域平均值法,函数 near_Mean--
% x:原始数据
% m:临域点数
% X:经处理后的数据
X = x;
for k = m + 1:size(x,2) - m
    X(k) = sum(x(k - m:k + m))/(2 * m + 1);
end
end
%%%%%%%%%%%%%%%%%%%%%%%%%%%%%%%
% --功能:对原始数据平滑处理--
% --
clear;
format long;
clear;
format long;
data = xlsread('yang1% 1 - 25.xlsx');
x = data(1:681,1)';
y = data(1:681,2:2:end);
ndata = [x',y];
for i = 1:25
```

```
y1 = y (:, i)';
f0 = near_ Mean (y1, 2);    % 临域平均值法将原始数据作一次平滑
ndata (:, i+1) = f0';       % 平滑后数据
%%%%%%%%%%%%%%%%%%%%%%%%%%%%%%%%%%%
```

因此，在实际处理中，结合 MATLAB 程序对光谱进行了五点一次平滑．

在 MATLAB 程序中，常用的平滑方法是 smooth 函数法，其中 smooth 函数主要用法如下：

（1） yy = smooth(y)

用移动平均滤波器对列向量 y 进行平滑处理，返回与 y 等长的列向量 yy. 默认窗宽为 5. yy 中元素计算方法如下：

yy(1) = y(1)
yy(2) = (y(1) + y(2) + y(3))/3
yy(3) = (y(1) + y(2) + y(3) + y(4) + y(5))/5
yy(4) = (y(2) + y(3) + y(4) + y(5) + y(6))/5
yy(5) = (y(3) + y(4) + y(5) + y(6) + y(7))/5

（2） yy = smooth(y, span)

用 span 参数指定移动平均滤波器的窗宽，span 为奇数．

（3） yy = smooth(y, method)

用 method 参数指定平滑数据的方法，method 是字符串变量．其中参数 method 可取 'moving' 'lowess' 'sgolay' 等．

（4） yy = smooth(y, span, method)

对于由 method 参数指定的平滑方法，用 span 参数指定滤波器的窗宽．

（5） yy = smooth(y, 'sgolay', degree)

利用 Savitzky – Golay 方法平滑数据，此时用 degree 参数指定多项式模型的阶数．degree 是一个整数，取值介于 0 和 span – 1 之间．

2. 特征提取与选择

在模式识别中，特征提取与选择是表示模式对象的关键．在特征空间中，如果同类模式分布比较聚集，不同类模式分布疏远，分类识别就比较容易，正确率较高．在模式识别中，人们希望依据最少的特征达到所要求的分类识别的正确率．这就是特征提取与选择的任务．首先要制定特征提取与选择的准则，以直接反映类内类间距离的函数作为准则，或直接以误判概率最小作为准则，也可以类别判决函数作为准则，还可以构造与误判概率有关的判据来刻画特征对分类识别的贡献或有效性．

常用的特征提取途径有如下两种：

① 实际用于分类识别的特征数目 d 给定后，直接从已获得的 n 个原始特征中选取 d 个特征 $x_1, x_2, \cdots, x_d$，使可分性判据 J 的值满足下式：

$$J(x_1, x_2, \cdots, x_d) = \max\{J(x_{i1}, x_{i2}, \cdots, x_{id})\} \qquad (7.7)$$

其中，$x_{i1}, x_{i2}, \cdots, x_{id}$ 是原始特征的任意 d 个特征，即直接选取 n 维特征空间中的 d 维子空间．这类方法被称为直接选择法．

② 在使判据 J 取最大的目标下，对 n 个原始特征进行降维变换，再取子空间．这类方法称为变换法，主要有基于可分性判据的特征提取选择、基于误判概率的特征提取选择、离散 $K-L$ 变换法、基于决策界的特征提取选择等方法．

对血液光谱特征的提取与选择，采用了直接选择法．上节中，图 7-10 为预处理后四类样品血液光谱曲线．谱线在 487、605、747 nm 附近有明显的波峰，且不同样品的峰值有所不同，故提取此三处附近的波峰进行分析处理．

根据提取的数据，分别计算了四种样品总计 200 个样本谱线的 $\dfrac{Y487}{Y605}$、$\dfrac{Y605}{Y747}$、$\dfrac{Y487}{X487}$、$\dfrac{Y605}{X605}$、$\left|\dfrac{Y487-Y605}{X487-X605}\right|$、$\left|\dfrac{Y605-Y747}{X605-X747}\right|$（$X487$、$X605$、$X747$ 表示 487、605、747 nm 附近的峰位；$Y487$、$Y605$、$Y747$ 表示 487、605、747 nm 附近的峰值）．经分析，四种样品光谱曲线在 487、605、747 nm 附近的波峰有明显的区别，取每类样品三十组，对各特征参数作特征散点图，如图 7-11(a) ~ 图 7-11(c) 所示．程序如下：

```
%%%%%%%%%%%%%%%%%%%%%%%%%%%%
% --程序功能:生成(峰值比)特征--
% --
clear;
format long;
data = xlsread('Ge1%P.xlsx');
feature1 = data(:,4)./data(:,5);
feature2 = data(:,5)./data(:,6);
feature3 = data(:,4)./data(:,6);
feature = [feature1';feature2';feature3'];
xlswrite('C:\Users\user\Desktop\文件\GY487_Y605_Y747.xlsx',...
    feature);
%%%%%%%%%%%%%%%%%%%%%%%%%%%%
% --程序功能:生成(峰波比)特征--
% --
```

```
clear;
format long;
data = xlsread('Ge1% P.xlsx');
    feature1 = data(:,4)./data(:,1);
    feature2 = data(:,5)./data(:,2);
    feature3 = data(:,6)./data(:,3);
feature = [feature1';feature2';feature3'];
xlswrite('C:\Users\user\Desktop\文件\GY_X.xlsx',feature);
%%%%%%%%%%%%%%%%%%%%%%%%%%%%%%%%%%%%
%  --程序功能:生成(峰斜率绝对值)特征--
%  --
clear;
format long;
    data = xlsread('Ge1% P.xlsx');
    feature1 = abs((data(:,4) - data(:,5))./(data(:,1) - data(:,2)));
    feature2 = abs((data(:,5) - data(:,6))./(data(:,2) - data(:,3)));
    feature3 = abs((data(:,4) - data(:,6))./(data(:,1) - data(:,3)));
feature = [feature1';feature2';feature3'];
xlswrite('C:\Users\user\Desktop\文件\Gk.xlsx',feature);
%%%%%%%%%%%%%%%%%%%%%%%%%%%%%%%%%%%%
```

观察分析特征图像可知，所取的 6 个特征参数中，特征 $\frac{Y487}{X487}$、$\frac{Y605}{X605}$ 对样品的聚类效果最好，能达到的分类效果最好。所以选取这两个特征进行分类器的设计。

3. 分类识别

（1）分类器的设计

这里采用 MATLAB 程序结合模糊模式识别的方法对血液荧光光谱进行分类识别，选用基于最大隶属度原则设计动物血液光谱分类器。随机选取 n_i ($i = 1, 2, \cdots, c$) 个样本作为训练样本集，c 表示样本种类数，并根据所提取的特征，计算每类的聚类中心 v_i。v_i 的计算公式如下：

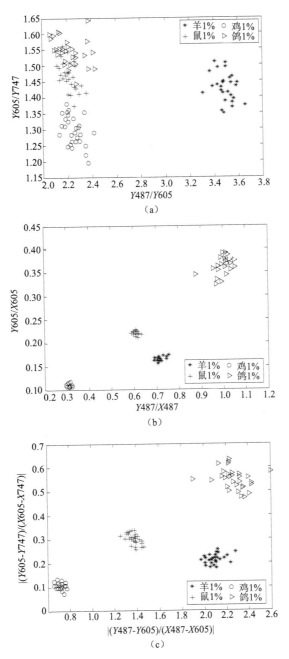

图 7-11 不同特征提取结果

$$v_i = \left(\frac{\sum_{j=1}^{n_i} X_j}{n_j}, \frac{\sum_{j=1}^{n_i} Y_j}{n_j} \right), (i = 1, 2, \cdots, c) \tag{7.8}$$

其中，X_j 为特征 $\dfrac{Y487}{X487}$ 的值；Y_j 为特征 $\dfrac{Y605}{X605}$ 的值.

由每个种类样本的聚类中心，即可得到一种分类模式.

(2) 分类隶属函数的确立

对于模糊识别技术，分类器的性能主要取决于隶属函数是否优良，因此，建立良好的隶属函数，对识别的效果有决定性的影响. 常用的建立隶属函数的方法有专家确定法、统计法、综合加权法等. 本节依据待分类样本的特征点到聚类模式中心的距离确定隶属函数.

隶属函数的数学表达式如下：

当 $d(v_i) = d_1$ 或 $d(v_i) = d_2$ 时，

$$\varphi(v_i) = 1 - \dfrac{d(v_i)}{d_1 + d_2} \tag{7.9}$$

其他

$$\varphi(v_i) = 0 \tag{7.10}$$

其中，$d(v_i)$ 为待分类样本特征点到模式 v_i 的欧式距离：

$$d_1 = \min_i \{d(v_i)\},\ (i=1,2,\cdots,c)$$

$$d_2 = \min_i \{\{d(v_i)\} - d_1\},\ (i=1,2,\cdots,c)$$

7.2.3 分类结果确定及分析

依据最大隶属度原则，预设分类判定阈值 $\lambda = 0.7$，若待分类样本的隶属度函数 $\varphi(v_i) > \lambda$，则对该样本进行分类识别，且将样本归为 $\varphi(v_i)$ 值最大的那一类. 每次识别完成后，将识别类加入训练样本集，并重新计算聚类中心，从而形成新的分类模式.

利用上面设计的分类器，取每类样本的前30个样本作为训练样本集，得到4个聚类中心：(0.712 305, 0.164 326)、(0.606 750, 0.220 935)、(0.307 802, 0.110 198)、(1.004 579, 0.365 064). 程序如下：

```
%%%%%%%%%%%%%%%%%%%%%%%%%%%%%%%%%%%%%
%  --程序功能:计算聚类中心--
%  --
clear;
format long;
data=xlsread('feature22.xlsx');
x_yang=mean(data(1,1:40))
```

```
y_yang = mean(data(2,1:40))
x_shu = mean(data(1,41:80))
y_shu = mean(data(2,41:80))
x_ji = mean(data(1,81:120))
y_ji = mean(data(2,81:120))
x_ge = mean(data(1,121:160))
y_ge = mean(data(2,121:160))
%%%%%%%%%%%%%%%%%%%%%%%%%%%%%%
```

取每类样本的十个样本作为识别样本,得到每个样本对各类的隶属度,见表7-5(其中1~10为羊、11~20为鼠、21~30为鸡、31~40为鸽). 程序如下:

```
%%%%%%%%%%%%%%%%%%%%%%%%%%%%%%
% --程序功能:计算隶属度--
% --
clear;
format long;
data = xlsread('feature41_50.xlsx');
dist = zeros(4,40);
for i = 1:40
    dist(1,i) = sqrt((data(1,i+4) - data(1,1))^2 + (data(2,i+4) - data(2,1))^2);% yang
    dist(2,i) = sqrt((data(1,i+4) - data(1,2))^2 + (data(2,i+4) - data(2,2))^2);% shu
    dist(3,i) = sqrt((data(1,i+4) - data(1,3))^2 + (data(2,i+4) - data(2,3))^2);% ji
    dist(4,i) = sqrt((data(1,i+4) - data(1,4))^2 + (data(2,i+4) - data(2,4))^2);% ge
end
vp = zeros(4,40);
for j = 1:40
    [min_vul,min_pos] = min(dist(:,j));% 最小值及类别
    vp(:,j) = [min_vul;min_pos;0;0];
    dist(min_pos,j) = max(dist(:,j));
    [upmin_vul,upmin_pos] = min(dist(:,j));
```

```
    % 次小值及类别
    vp(:,j) =[min_vul;min_pos;upmin_vul;upmin_pos];
end
linkVul = zeros(4,40);
for j =1:40
    linkVul(vp(2,j),j) =1 -vp(1,j)/(vp(1,j) +vp(3,j));
    linkVul(vp(4,j),j) =1 -vp(3,j)/(vp(1,j) +vp(3,j));
end
format short;
xlswrite('C:\Users\user\Desktop\论文程序及数据\link.xlsx',
linkVul);
%%%%%%%%%%%%%%%%%%%%%%%%%%%%%%%%%
```

表 7 – 5 每个样本对各类的隶属度

类别	1	2	3	4	5	6	7	8	9	10
羊	0.837 89	0.786 63	0.820 73	0.845 728	0.805 221	0.816 96	0.876 152	0.914 739	0.782 642	0.824 39
鼠	0.162 109	0.213 37	0.179 266	0.154 272	0.194 779	0.183 04	0.123 848	0.085 261	0.217 358	0.175 61
鸡	0	0	0	0	0	0	0	0	0	0
鸽	0	0	0	0	0	0	0	0	0	0
类别	11	12	13	14	15	16	17	18	19	20
羊	0.109 125	0.051 454	0.070 498	0.068 111	0.067 17	0.093 79	0.032 007	0.065 92	0.121 237	0.024 68
鼠	0.890 875	0.948 564	0.929 502	0.931 889	0.932 83	0.906 21	0.967 993	0.934 08	0.878 763	0.975 32
鸡	0	0	0	0	0	0	0	0	0	0
鸽	0	0	0	0	0	0	0	0	0	0
类别	21	22	23	24	25	26	27	28	29	30
羊	0	0	0	0	0	0	0	0	0	0
鼠	0.025 766	0.031 202	0.021 351	0.026 71	0.011 275	0.028 71	0.012 473	0.021 339	0.025 499	0.033 444
鸡	0.974 234	0.968 798	0.978 649	0.973 29	0.988 725	0.971 29	0.987 526	0.978 661	0.974 501	0.966 556
鸽	0	0	0	0	0	0	0	0	0	0
类别	31	32	33	34	35	36	37	38	39	40
羊	0.098 109	0.058 911	0.074 144	0.113 318	0.154 837	0.241 952	0.219 766	0.303 93	0.364 358	0.414 473
鼠	0	0	0	0	0	0	0	0	0	0
鸡	0	0	0	0	0	0	0	0	0	0
鸽	0.901 891	0.941 089	0.925 856	0.886 682	0.845 163	0.758 048	0.780 834	0.696 07	0.635 642	0.585 527

由以上数据可得,分类器对四种样品全血光谱数据的分类正确识别率见表 7-6.

表 7-6　分类器对四种样品全血光谱数据的分类正确识别率　　　%

样品	羊	鼠	鸡	鸽
识别率	100	100	100	70

可知,基于 MATLAB 程序设计的模糊模式分类器及隶属函数,对动物血液发射光谱的识别达到了令人满意的效果.

第 7 章练习题

1. 1790—1990 年间美国每隔 10 年的人口记录见表 7-7.

表 7-7　1790—1990 年间美国每隔 10 年的人口记录　　　$\times 10^6$

年份	1790	1800	1810	1820	1830	1840	1850
人口	3.9	5.3	7.2	9.6	12.9	17.1	23.2
年份	1860	1870	1880	1890	1900	1910	1920
人口	31.4	38.6	50.2	62.9	76.0	92.0	106.5
年份	1930	1940	1950	1960	1970	1980	1990
人口	123.2	131.7	150.7	179.3	204.0	226.5	251.4

用以上数据检验马尔萨斯(Malthus)人口指数增长模型,根据检验结果进一步讨论马尔萨斯人口模型的改进,并利用至少两种模型来预测美国 2010 年的人口数量.

提示 1:Malthus 模型的基本假设是:人口的增长率为常数,记为 r,记时刻 t 的人口为 $x(t)$(即 $x(t)$ 为模型的状态变量),且初始时刻的人口为 x_0,于是得到如下微分方程:$\begin{cases} \dfrac{\mathrm{d}x}{\mathrm{d}t} = rx \\ x(0) = x_0 \end{cases}$.

提示 2:阻滞增长模型(或 Logistic 模型)由于资源、环境等因素对人口增长的阻滞作用,人口增长到一定数量后,增长率会下降. 假设人口的增长率为 x 的减函数,如设 $r(x) = r(1 - x/x_m)$,其中 r 为固有增长率(x 很小时),x_m 为人口容量(资源、环境能容纳的最大数量),于是得到如下微分方程:

$$\begin{cases} \dfrac{\mathrm{d}x}{\mathrm{d}t} = rx(1 - x/x_m) \\ x(0) = x_0 \end{cases}$$

2. 对于迭代方程

$$\begin{cases} x_{i+1} = 1 + y_i - 1.4x_i^2 \\ y_{i+1} = 0.3x_i \\ (x_0, y_0) = (0,0) \end{cases}$$

先编写求解方程的函数文件，然后调用该函数文件求 30 000 个点上的 x、y，最后在所有的 (x_i, y_i) 坐标处标记一个点（不要连线）绘出图形，这种图形又称为埃农（Henon）引力线图，它将迭代出来的随机点吸引到一起，最后得出貌似连贯的引力线图。

3. 有一周期为 4π 的正弦波上叠加了方差为 0.1 的正态分布的随机噪声的信号，用循环结构编制一个三点线性滑动平均的程序。

提示：① 用 0.1*randn(1,n) 产生方差为 0.1 的正态分布的随机噪声；② 三点线性滑动平均就是依次取每三个相邻数的平均值作为新的数据，如 $x_1(2) = (x(1) + x(2) + x(3))/3, x_1(3) = (x(2) + x(3) + x(4))/3, \cdots$。

4. 编写一段程序，能够把输入的摄氏温度转化成华氏温度，也能把华氏温度转换成摄氏温度，实现如图 7-12 所示的功能。

```
选择转换方式（1—摄氏转换为华氏，2—华氏转换为摄氏）
输入待转变的温度（允许输入数组）：23
转换前的温度          转换后的温度
   23 ℃               23 ℉
```

图 7-12　习题 4 图

提示：摄氏温度 =（华氏温度 - 32）×5/9。

5. 利用迭代思想解决问题：

（1）求出分式线性函数 $f_1(x) = \dfrac{x-1}{x+m}, f_2(x) = \dfrac{x+m^2}{x+m}$ 的不动点，再编程判断它们的迭代序列是否收敛。

（2）下面函数的迭代是否会产生混沌？

$$f(x) = \begin{cases} 2x, & 0 \leq x \leq \dfrac{1}{2} \\ 2(1-x), & \dfrac{1}{2} < x \leq 1 \end{cases}.$$

附　　录

1. 含参数微分方程模型.

```
function Dy = SEIRModel3(t,y,p)
%
% This function is designed for the model of SEIR
% p(1)为感染率
% p(2)为因流感而死亡的死亡率
% p(3)为感染者的恢复系数
% p(4)为自然死亡率系数
% k(1)为迁入人数
% k(2)为潜伏期系数
%
global k;
Dy = zeros(4,1);
Dy(1) = k(1) - p(1)*y(1)*y(3) - p(4)*y(1);
Dy(2) = p(1)*y(1)*y(3) - (k(2)+p(4))*y(2);
Dy(3) = k(2)*y(2) - (p(2)+p(3)+p(4))*y(3);
Dy(4) = p(3)*y(3) - p(4)*y(4);
End
%
```

2. 不含参数微分方程模型.

```
function Dy = SEIR_Model3(t,y)
%―――――
% This function is designed for the model of SEIR
% p(1)为感染率
% p(2)为因流感而死亡的死亡率
% p(3)为感染者的恢复系数
% p(4)为自然死亡率系数
```

```
% k(1)为迁入人数
% k(2)为潜伏期系数
%
global k p;
Dy = zeros(4,1);
Dy(1) = k(1) - p(1)*y(1)*y(3) - p(4)*y(1);
Dy(2) = p(1)*y(1)*y(3) - (k(2)+p(4))*y(2);
Dy(3) = k(2)*y(2) - (p(2)+p(3)+p(4))*y(3);
Dy(4) = p(3)*y(3) - p(4)*y(4);
end
%
```

3. 模型求解函数.

```
function sol = SEIRSolve3(p,IC,t)
%————
% The function can solve the system of differential equations
% and it returns the numerical solutions
DeHandle = @(t,y) SEIRModel3(t,y,p);
[t,Y] = ode45(DeHandle,t,IC);
sol = Y';
end
%
```

4. 预警系统（图形交互界面）.

```
function varargout = yujing(varargin)
% YUJING MATLAB code for yujing.fig
%      YUJING, by itself, creates a new YUJING or raises
%      the existing singleton*.
%
%      H = YUJING returns the handle to a new YUJING or the
%      handle to the existing singleton*.
%
%      YUJING('CALLBACK',hObject,eventData,handles,...) calls
%      the local function named CALLBACK in YUJING.M with the
```

```
%          given input arguments.
%
%      YUJING('Property','Value',...) creates a new YUJING or
%      raises the existing singleton*.  Starting from the
%      left, property value pairs are applied to the GUI
%      before yujing_OpeningFcn gets called.  An
%      unrecognized property name or invalid value makes
%      property application stop.  All inputs are passed to
%      yujing_OpeningFcn via varargin.
%
%      *See GUI Options on GUIDE's Tools menu.  Choose "GUI
%      allows only one instance to run (singleton)".
%
% See also: GUIDE, GUIDATA, GUIHANDLES
% Edit the above text to modify the response to help yujing
% Last Modified by GUIDE v2.5 11-Apr-2014 17:58:01
% Begin initialization code - DO NOT EDIT
gui_Singleton = 1;
gui_State = struct('gui_Name',       mfilename, ...
                   'gui_Singleton',  gui_Singleton, ...
                   'gui_OpeningFcn', @yujing_OpeningFcn, ...
                   'gui_OutputFcn',  @yujing_OutputFcn, ...
                   'gui_LayoutFcn',  [] , ...
                   'gui_Callback',   []);
if nargin && ischar(varargin{1})
    gui_State.gui_Callback = str2func(varargin{1});
end
if nargout
    [varargout{1:nargout}] = gui_mainfcn(gui_State, varargin{:});
else
    gui_mainfcn(gui_State, varargin{:});
end
% End initialization code - DO NOT EDIT
```

```
% --- Executes just before yujing is made visible.
function yujing_OpeningFcn(hObject, eventdata, handles, varargin)
% This function has no output args, see OutputFcn.
% hObject    handle to figure
% eventdata  reserved - to be defined in a future version
% of MATLAB
% handles structure with handles and user data (see
% GUIDATA)
% varargin command line arguments to yujing (see
% VARARGIN)

% Choose default command line output for yujing
handles.output = hObject;

% Update handles structure
guidata(hObject, handles);

% UIWAIT makes yujing wait for user response (see
% UIRESUME)
% uiwait(handles.figure1);


% --- Outputs from this function are returned to the
% command line.
function varargout = yujing_OutputFcn(hObject, eventdata, handles)
% varargout cell array for returning output args (see
% VARARGOUT);
% hObject    handle to figure
% eventdata  reserved - to be defined in a future version
% of MATLAB
% handles    structure with handles and user data (see
% GUIDATA)
```

```matlab
% Get default command line output from handles structure
% varargout{1} = handles.output;


% --- Executes on button press in import_pushbutton.
function import_pushbutton_Callback(hObject, eventdata, handles)
% hObject handle to import_pushbutton (see GCBO)
% eventdata reserved - to be defined in a future version
% of MATLAB
% handles structure with handles and user data (see
% GUIDATA)
handles.data = xlsread('data.xlsx');
guidata(hObject,handles);


% --- Executes on button press in fitting_pushbutton.
function fitting_pushbutton_Callback(hObject, eventdata, handles)
% hObject    handle to fitting_pushbutton (see GCBO)
% eventdata reserved - to be defined in a future version
% of MATLAB
% handles structure with handles and user data (see
% GUIDATA)
  %%%%%%%%%%%%%%   感染者拟合  %%%%%%%%%%%%%%
cla
global k p;
handles.Id = handles.data(1:20);
handles.td = 1:1:length(handles.Id);
IC = [5999860,71,140,13];
p0 = [0.00001,0.005,1/7,0.0000197];
k = [116,1/4];
tsol2 = 1:1:length(handles.Id);
lp = [0,0.0000003,1/30,0.000001];
up = [0.01,0.001,0.5,0.1];
  %%%%%%%%%%%%%%%%%%%%%%%%%%%%%%%%%%%%%
```

```
SEIR2parSol3 = @(p,t)[0 0 1 0]*SEIRSolve3(p,IC,t);
%%%%%%%%%%%%%%%%%%%%%%%%%%%%%%%%%%
[SEIR2theta1,resnorm,residual,exitflag1,output] = lsqcur-
vefit(SEIR2parSol3,p0,handles.td,handles.Id,lp,up);
SEIR2sol1 = SEIR2parSol3(SEIR2theta1,tsol2);
format long;
p = SEIR2theta1;
handles.p = p;
handles.beta = p(1);
%%%%%%%%%%%%%%%%%%%%%%%%%%%%%%%%%%
plot(handles.td,handles.Id,'*');
hold on;
plot(tsol2,SEIR2sol1,'b-');
xlabel('t/天');
ylabel('I(t)/人');
title('参数拟合曲线');
%%%%%%%%%%%%%%%%%%%%%%%%%%%%%%%%%%
guidata(hObject,handles)

% --- Executes on button press in forecast_pushbutton.
function forecast_pushbutton_Callback(hObject, eventda-
ta, handles)
% hObject    handle to forecast_pushbutton (see GCBO)
% eventdata  reserved - to be defined in a future version
% of MATLAB
% handles    structure with handles and user data (see GUIDATA)
cla
global k p;
k = [116,1/4];
p = handles.p;
% 预测七天
handles.Id_1 = handles.Id;
handles.t1 = 1:1:length(handles.td);
handles.Id_2 = handles.data(21:27);
```

```
handles.t2 = 21:1:length(handles.data);
handles.Id1 = handles.data;
IC_2 = [5999860,71,140,13];            % 以第一天数据为初值
handles.td1 = 1:1:length(handles.data);
t = 1:1:27;
x = 20:1:27;
[t,Y] = ode45('SEIR_Model3',t,IC_2);
temp = Y(:,3);
y = temp(20:27);
    %%%%%%%%%%%%%%%%%%%%%%%%%%%%%%%%%
plot(handles.t1,handles.Id_1,'*');
hold on;
plot(handles.t2,handles.Id_2,'rp');
hold on;
plot(t,Y(:,3),'r-');

hold on;
plot(x,y,'b-','linewidth',3);
xlabel('日期');
ylabel('I(t)/人');
title('感染者预测');
    %%%%%%%%%%%%%%%%%%%%%%%%%%%%%%%%%
guidata(hObject,handles)


% --- Executes on button press in exit_pushbutton.
function exit_pushbutton_Callback(hObject, eventdata, handles)
% hObject    handle to exit_pushbutton (see GCBO)
% eventdata  reserved - to be defined in a future version of MATLAB
% handles    structure with handles and user data (see GUIDATA)
% close(gcf);


% --- Executes on selection change in popup_menu.
```

```
function popup_menu_Callback(hObject, eventdata, handles)
% hObject handle to popup_menu (see GCBO)
% eventdata reserved - to be defined in a future version of
% MATLAB
% handles structure with handles and user data (see GUIDATA)

% Hints: contents = cellstr(get(hObject,'String'))
% returns popup_menu contents as cell array
%        contents{get(hObject,'Value')} returns selected item from popup_menu
% ************以下为添加代码**************
% h = get(hObject,'string');
h1 = get(hObject,'UserData');
h2 = get(hObject,'value');
h3 = h1(h2,1:3);
set(gcf,'color',h3);
guidata(hObject,handles)
% --- Executes during object creation, after setting all
% properties.function popup_menu_CreateFcn(hObject,
% eventdata, handles)
% hObject    handle to popup_menu (see GCBO)
% eventdata reserved - to be defined in a future version
% of MATLAB
% handles empty - handles not created until after all
% CreateFcns called

% Hint: popupmenu controls usually have a white background
% on Windows.
%       See ISPC and COMPUTER.
if ispc && isequal(get(hObject,'BackgroundColor'), get(0,'defaultUicontrolBackgroundColor'))
set(hObject,'BackgroundColor','white');
end
```

```
function edit_text_2_Callback(hObject, eventdata, handles)
% hObject    handle to edit_text_2 (see GCBO)
% eventdata  reserved - to be defined in a future version
% of MATLAB
% handles structure with handles and user data (see GUIDATA)

% Hints: get(hObject,'String') returns contents of edit_
% text_2 as text
%        str2double(get(hObject,'String')) returns
%        contents of edit_text_2 as a double
set(hObject,'string',num2str(handles.beta));

% --- Executes during object creation, after setting all
% properties.
function edit_text_2_CreateFcn(hObject, eventdata, handles)
% hObject handle to edit_text_2 (see GCBO)
% eventdata reserved - to be defined in a future version
% of MATLAB
% handles empty - handles not created until after all
% CreateFcns called

% Hint: edit controls usually have a white background on
% Windows.
%       See ISPC and COMPUTER.
if ispc && isequal(get(hObject,'BackgroundColor'), get(0,'defaultUicontrolBackgroundColor'))
set(hObject,'BackgroundColor','white');
end
% --- Executes on slider movement.
function slider1_Callback(hObject, eventdata, handles)
% hObject    handle to slider1 (see GCBO)
% eventdata reserved - to be defined in a future version
```

```
% of MATLAB
% handles structure with handles and user data (see
% GUIDATA)
% Hints: get(hObject,'Value') returns position of slider
%        get(hObject,'Min') and get(hObject,'Max') to
%        determine range of slider
cla
global k p;
k =[116,1/4];
%%%%%%%%%%%%%%%%%%%%%%%%%%%%%%%%%%%%%%%
handles.Id_11 = handles.Id;
handles.t11 =1:1:length(handles.td);
handles.Id_22 = handles.data(21:27);
handles.t22 =21:1:length(handles.data);
IC_3 =[5999860,71,140,13];              % 以第一天数据为初值
%%%%%%%%%%%%%%%%%%%%%%%%%%%%%%%%%%%%%%%
t =1:1:27;
t0 =20:0.1:27;
x =20:1:27;
p = handles.p;% 每次拟合后须重新输入
[t,Y] = ode45('SEIR_Model3',t,IC_3);
temp = Y(:,3);
y = temp(20:27);
% 感染率减小,感染者预测
IC_0 = Y(20,:);
p =[get(hObject,'value'),1,1,1].* handles.p;
[t0,Y0] = ode45('SEIR_Model3',t0,IC_0);
%%%%%%%%%%%%%%%%%%%%%%%%%%%%%%%%%%%%%%%
plot(handles.t11,handles.Id_11,'*');
hold on;
plot(handles.t22,handles.Id_22,'rp');
hold on;
plot(t,Y(:,3),'r-');
```

```
hold on;
plot(x,y,'y','linewidth',2.5);
hold on;
plot(t0,Y0(:,3),'b--');
xlabel('日期');
ylabel('I(t)/人');
title('感染者预测');
%%%%%%%%%%%%%%%%%%%%%%%%%%%%%%%%%%
guidata(hObject,handles)

% --- Executes during object creation, after setting all
% properties.
function slider1_CreateFcn(hObject, eventdata, handles)
% hObject handle to slider1 (see GCBO)
% eventdata reserved-to be defined in a future version
% of MATLAB
% handles empty-handles not created until after all
% CreateFcns called
% Hint: slider controls usually have a light gray back-
% ground.
if isequal(get(hObject,'BackgroundColor'), get(0,'default-UicontrolBackgroundColor'))
    set(hObject,'BackgroundColor',[.9 .9 .9]);
end

% --- Executes on slider movement.
function slider2_Callback(hObject, eventdata, handles)
% hObject handle to slider2 (see GCBO)
% eventdata reserved-to be defined in a future version
% of MATLAB
% handles structure with handles and user data (see GUIDATA)

% Hints: get(hObject,'Value') returns position of slider
%        get(hObject,'Min') and get(hObject,'Max') to
```

```
%            determine range of slider
cla
global k p;
k = [116,1/4];
%%%%%%%%%%%%%%%%%%%%%%%%%%%%%%%%%%%%%
handles.Id_111 = handles.Id;
handles.t111 = 1:1:length(handles.td);
handles.Id_222 = handles.data(21:27);
handles.t222 = 21:1:length(handles.data);
IC_4 = [5999860,71,140,13];          % 以第一天数据为初值
%%%%%%%%%%%%%%%%%%%%%%%%%%%%%%%%%%%%%
t = 1:1:27;
t0 = 20:0.1:27;
x = 20:1:27;
p = handles.p;% 每次拟合后须重新输入
[t,Y] = ode45('SEIR_Model3',t,IC_4);
temp = Y(:,3);
y = temp(20:27);
% 感染率减小,感染者预测
IC_0 = Y(20,:);
p = [1,1,get(hObject,'value'),1].*handles.p;
[t0,Y0] = ode45('SEIR_Model3',t0,IC_0);
%%%%%%%%%%%%%%%%%%%%%%%%%%%%%%%%%%%%%
plot(handles.t111,handles.Id_111,'*');
hold on;
plot(handles.t222,handles.Id_222,'rp');
hold on;
plot(t,Y(:,3),'r-');

hold on;
plot(x,y,'y','linewidth',2.5);
hold on;
plot(t0,Y0(:,3),'b-');
xlabel('日期');
```

```
ylabel('I(t)/人');
title('感染者预测');
%%%%%%%%%%%%%%%%%%%%%%%%%%%%%%%%%%
guidata(hObject,handles)

% --- Executes during object creation, after setting all
% properties.
function slider2_CreateFcn(hObject, eventdata, handles)
% hObject handle to slider2 (see GCBO)
% eventdata reserved - to be defined in a future version
% of MATLAB
% handles empty - handles not created until after all
% CreateFcns called
% Hint: slider controls usually have a light gray back-
% ground.
if isequal(get(hObject,'BackgroundColor'),
get(0,'defaultUicontrolBackgroundColor'))
    set(hObject,'BackgroundColor',[.9 .9 .9]);
end
function edit_text_1_Callback(hObject, eventdata, handles)
% hObject handle to edit_text_1 (see GCBO)
% eventdata reserved - to be defined in a future version of
% MATLAB
% handles structure with handles and user data (see GUIDATA)

% Hints: get(hObject,'String') returns contents of edit_
% text_1 as text
%        str2double(get(hObject,'String')) returns
%        contents of edit_text_1 as a double

% --- Executes during object creation, after setting all
% properties.
```

```
function edit_text_1_CreateFcn (hObject, eventdata, han-
dles)
% hObject handle to edit_text_1 (see GCBO)
% eventdata reserved - to be defined in a future version
% of MATLAB
% handles empty - handles not created until after all
% CreateFcns called
% Hint: edit controls usually have a white background on
% Windows.
%       See ISPC and COMPUTER.
if ispc && isequal (get (hObject, 'BackgroundColor'), get
(0, 'defaultUicontrolBackgroundColor'))
    set (hObject, 'BackgroundColor', 'white');
end
% --- If Enable == 'on', executes on mouse press in 5 pix-
% el border.
% --- Otherwise, executes on mouse press in 5 pixel bor-
% der or over popup_menu.
function popup_menu_ButtonDownFcn (hObject, eventdata,
handles)
% hObject handle to popup_menu (see GCBO)
% eventdata reserved - to be defined in a future version of
% MATLAB
% handles structure with handles and user data (see GUIDATA)

% --- Executes on key press with focus on popup_ menu and
% none of its controls.
function popup_menu_KeyPressFcn (hObject, eventdata, han-
dles)
% hObject handle to popup_menu (see GCBO)
% eventdata structure with the following fields (see
% UICONTROL)
% Key: name of the key that was pressed, in lower case
% Character: character interpretation of the key (s) that
```

```
%           was pressed
% Modifier: name(s) of the modifier key(s) (i.e.,
%           control, shift) pressed
% handles   structure with handles and user data (see GUIDATA)
```

使用说明：① 将所有文件放在同一个文件夹目录下.

② 在 MATLAB 中将所有 m 文件打开.

③ 运行 yujing.m 文件即可进行界面操作.

④ 进行界面操作时第一步为数据导入，后续操作不分先后次序.

参 考 文 献

[1] 万福永,等.数学实验教程(Matlab 版)[M].北京:科学出版社,2006.
[2] 周晓阳.数学实验与 Matlab[M].武汉:华中科技大学出版社,2002.
[3] 王恩周.基于 MATLAB 高等数学实验[M].武汉:华中科技大学出版社,2010.
[4] 陈超.MATLAB 应用实例精讲[M].北京:电子工业出版社,2010.
[5] 谢中华.MATLAB 统计分析与应用[M].北京:北京航空航天大学出版社,2010.
[6] 阮沈勇.MATLAB 程序设计[M].北京:电子工业出版社,2004.
[7] 刘卫国.MATLAB 程序设计与应用(第三版)[M].北京:高等教育出版社,2017.
[8] 付文利,刘刚.MATLAB 编程指南[M].北京:清华大学出版社,2017.
[9] 占海明,等.基于 MATLAB 的高等数学问题求解[M].北京:清华大学出版社,2012.